사용후핵연료

그 솔루션에 관하여

Suggestions for Spent Fuel Solutions

사용후핵연료
그 솔루션에 관하여

구정회 지음

좋은땅

"사용후핵연료 문제에 대한 가장 현실적인 해법"

김종경
(한양대 명예교수, 전 원자력연구원장)

오늘날 전 세계는 기후 변화와 에너지 안보라는 두 가지 거대한 도전에 직면해 있으며, 이를 해결하기 위한 핵심 동력으로 원자력 에너지의 역할이 재조명되고 있습니다. 원자력은 지난 40여 년간 대한민국 산업 성장의 중추적인 역할을 해 왔으며, 미래 탄소 중립 사회와 국가 경제를 지탱하는 에너지 안보를 위한 지속 가능한 발전 측면에서 더 이상 선택이 아닌 필수가 되었습니다.

그러나 원자력 발전의 숙명적 그림자인 '사용후핵연료' 문제는 이 필수적인 발걸음을 가로막는 가장 큰 장애요인으로 남아 있습니다. 사용후핵연료에 대한 국민적 우려와 불안감은, 기술적 문제 해결을 넘어 정책적 의사결정, 사회적 수용성까지 절실히 요구되는 국가적·세대적 과제입니다.

책『사용후핵연료 그 솔루션에 관하여』는 지난 수십 년간 연구와 현장 경험을 바탕으로, 국내 사용후핵연료 관리 분야에 헌신해 온 전문가의 통찰과 데이터를 집대성한 귀중한 결실입니다. 저자는 이 책을 통해 국내·외 주요 실증 현장, 새로운 저장 및 처분 시설과 기술, 미래 수요 전

망, 공론화 과정까지 다양한 데이터와 함께 소개하고 있습니다. 특히, 미래에 예상되는 중장기적 처분 시나리오까지 구체적으로 분석하여, 정부 및 관련 기관들이 정책 설계·결정에 활용할 수 있는 수준의 가이드라인을 제시하고 있습니다. 현실적인 처분 시나리오의 제안, 심지층 처분방식의 국내·외 사례 비교를 통한 검증된 기술의 도입 가능성과 미래 전략을 구체화하고 있습니다. 무엇보다 저자는 단순한 현상 분석을 넘어서, 혁신적인 '솔루션'에 대한 도전적 시각을 담고 있습니다.

저자는 사용후핵연료 관리에서 '공론화'의 중요성을 강조하며, 사회·지역 공동체, 시민 사회, 전문가 커뮤니티 사이의 이해와 합의를 이끌어 내는 과정의 실제 경험과 교훈을 통해, 한국형 모델 구축에 필요한 사회적·정서적 기반을 제시하고 있습니다. 이는 단지 기술적·학술적 성취를 넘어, 우리 사회 전체가 '미래세대의 안전과 신뢰'를 위해 무엇을 우선시해야 하는지, 어떠한 가치와 절차가 필요한지 깊은 고민을 담고 있습니다. 현재의 문제를 합리적인 기술로 해결하되, 미래에 다가올 새로운 기술을 적용할 수 있는 문을 열어 두어야 한다는 지혜로운 원칙을 제시하고 있습니다.

이 책을 통해 우리 사회가 처한 현실과 도전과제를 숨김없이 담담하게 드러내고, 그 위에 '가능한 해법', '지속 가능한 미래'에 대한 희망을 설득력 있게 제시하고 있습니다. 누구보다 현장의 실상과 한계를 체감한 저자의 목소리는, 정책 입안자, 연구자, 환경 단체, 그리고 일반 시민 모두에게 깊은 신뢰감과 책임감을 불러일으키는 열정을 보여 주고 있습니다. 이 책은 우리 사회가 에너지와 환경, 과학기술, 공공정책이라는 복합적 프레임 안에서 올바른 길을 선택하는 데 귀중한 길잡이가 될 것입니다. 적극 추천합니다.

탐현(探炫) 정 범 진

(경희대 교수, 전 한국원자력학회장)

호랑이는 죽어서 가죽을 남기고 사람은 죽어서 이름을 남긴다는 속담이 있다. 나이가 들수록 이 속담이 두렵다. 이 세상에 이름을 남기지 못하고 죽는 존재가 얼마나 많은가? 혹시 나도 그렇게 되지 않을까? 혹은 오명을 남기고 이 세상을 떠나게 되지는 않을까? 걱정스럽다. 인생을 마무리할 시점에 다가갈수록 더 그렇다.

과학기술처에서 사무관으로 근무하던 시절에 어떤 일본 공무원의 수기를 읽은 적이 있다. 그는 원자력을 담당하는 공무원으로서 당시 일본에 입항하는 원자력 항공모함을 어떻게 규제할 것인지에 대한 여러 가지 검토했던 자료를 모아 놓은 것이었다. 원자력 안전의 철학에서부터 주안점과 검사할 항목 그리고 행정적인 조치 등을 적어놓은 100여 쪽에 달하는 수기였다. 나는 그를 존경한다. 그냥 먹고살기 위한 일로써 그 일을 한 것이 아니라 그 이상으로 대했던 기록이기 때문이다.

구정회 박사가 퇴직을 앞두고 쓴 글에 대한 검토를 요청했을 때, 나는 그 일본 공무원을 떠올렸다. 한국원자력연구원에서 근무하면서 다뤘던 사용후핵연료에 대한 다양한 주제들에 대해 공학자로서 자료를 수집하고 방향을 정립하고 당시에 가능한 해법을 찾으려 노력했던 기록들이기 때문이다.

공학은 인간의 필요를 과학기술적 수단을 이용하여 가장 값싸게 공급하는 학문이다. 인간의 필요, 과학기술적 수단, 그리고 경제를 모두 알아야 하는 학문이다. 그런데 요즘 공학은 과학기술적 수단에만 치중하고 인간과 경제를 잃고 있는 느낌이다. 해가 들지 않는 응달에 설치하는 태양광 패널, 바람이 불지 않는 곳에 설치된 풍력발전기가 그런 것들이다.

이 책은 자료로서도 충분한 가치가 있다. 그러나 그보다 나는 이 책을 많은 젊은 공학자들이 읽었으면 좋겠다. 공학은 답(솔루션)을 내는 학문이다. 그런데 요즘 젊은 공학자들은 우리보다 더 많이 배우고 더 잘하는데 솔루션을 내놓지 못한다. 기술적으로 충분히 알지 못해도 여유도(마진)를 더 넣는 방식으로 공학자는 그 시대의 솔루션을 내놓는다. 우리는 그렇게 피라미드도 지었고 달나라에도 갔다. 기술력이 뛰어나서가 아니라 솔루션을 내놓았기 때문이다. 초라해도 답을 내야 공학이다. 그런데 요즘 젊은 학자들은 더 세련되고 더 잘하기는 하는데 솔루션을 내놓지 못한다. 이 책은 구정회라는 한 공학자가 당시의 문제에 대해 솔루션을 내기 위해 발버둥 쳤던 기록이다. 나는 그 정신을 후배들이 배우기 원한다. 그것이 내가 제목에 '솔루션'이라는 단어를 권했던 이유이다.

그는 이제 한국원자력연구원을 떠난다. 그러나 이 책에서 그는 후배들에게 용기를 가지라고 말한다. 구정회는 젊은 연구원보다 투박하지만 그 거친 손으로 솔루션을 제시하려고 노력했다고 당당히 말하고 있다. 그리고 이 책에서 그의 이름을 남기고 있다.

최재붕

(성균관대학교 기계공학부 교수)

[포노사피엔스(2019), AI사피엔스(2024) 저자]

저자는 대학 시절 저의 기숙사 룸메이트 선배였습니다. 이제 막 대학 2학년이 되어 철없이 놀러 다니던 시절, 기숙사에 돌아오면 어김없이 전공책을 붙들고 앉아 씨름하던 군대 막 다녀온 선배가 바로 구정회 박사입니다. 당시에 자신도 군대 가기 전 실컷 놀았다며 열심히 놀라고 격려(?)해 주던 선배였지만 본인은 고집스럽게 새벽마다 도서관으로 향하던 지독한 학구파였습니다. 그리고 졸업 후 그 어렵다던 원자력연구원에 입사했습니다. 학창 시절 인연으로 그 후에도 계속 만났지만 구정회 선배의 세계관과 세상을 살아가는 태도는 그때와 조금도 바뀌지 않았습니다.

엔지니어에게 필요한 것은 오직 실력이고, 대한민국 최고의 국책연구소에 들어온 만큼 그 지향점은 국익이라는 고집스런 태도와 실천력은 38년 동안 조금도 흐트러짐이 없었습니다. 때로는 원자력의 미래에 대해 논쟁적으로 싸우고, 때로는 노조위원장이 되어 투쟁적으로 조직 문제를 해결하고자 했습니다. 그래서 사실 껄끄럽기도 한 선배였습니다. 열심히 일하지 않거나, 실력이 부족한데 있는 척하거나, 조직과 국익을 생각하기

보다 개인 일이 우선이라 했다가는 엄청난 폭풍 잔소리를 쏟아 내는 선배였기에 사적인 일로 일부러 도움을 청하러 가고 싶은 형님은 아니었습니다. 그런데 우직하고 일관성 있는 태도뿐 아니라 옳다고 생각하는 일이라면 엄청난 추진력으로 밀고 나가는 그 태도에는 존경심이 일지 않을 수 없었습니다. 그래서 진짜 국익을 위한 일은 무엇인지, 진짜 국가를 위해 필요한 기술이 무엇인지, 원자력의 미래를 위해 어떤 일이 중요한지, 이런 진지한 고민이 있을 때면 제일 먼저 찾게 되는 선배였습니다. 30년을 넘게 나라 먼저 생각하는 외길 고집불통인 사람은 많지 않았으니까요. 그래서 이번 책의 추천사를 써달라고 했을 때 흔쾌히 예스라고 했습니다. 이 책도 분명히 그 고집불통 국익 우선의 연장선상에서 나온 것이 분명할 테니까요.

아니나 다를까, 주제는 사용후핵연료 처리라는 어렵고 무거운 전문적 내용이 가득하지만, 그 시선은 오로지 대한민국의 지속 가능하고 안전한 미래를 지향하고 있습니다. 저는 한때 원자력안전위원을 지냈던 덕에 우리나라 원자력 발전이 얼마나 중요한지, 또 원전 안전에 대한 국민적 합의를 만들어 내는 게 얼마나 어렵고 험난한 과정인지를 몸소 체험한 바 있습니다. 원전에 대한 안전성 논란이 이 정도였는데 사용후핵연료 처리에 관한 거라면 들여다보고 싶지 않을 정도로 어렵고 힘든 주제입니다. 그런데 심지어 책 제목이 '사용후핵연료, 그 솔루션에 관하여'입니다. 제목과 목차만으로 구정회 박사의 인생이 담겨 있다는 걸 바로 눈치챌 수 있었습니다. 그리고 역시 일관되게 오직 실력으로, 합리적 대안으로, 미래 지향적으로, 국익을 최우선으로 쓰였다는 걸 바로 확인할 수 있었습니다. 그동안 축적해 왔던 연구경험, 현장에서 사람들을 설득해야 했던 대

중 소통 경험, 글로벌 연구진과의 협력 연구를 통한 인류 미래를 위한 과학적이고 합리적 대안들이 빼곡하게 차 있었습니다. 이 분야 종사자의 한사람으로 이렇게만 된다면 정말 좋겠다는 생각이 책 마지막 장을 넘길 때까지 머릿속에 가득했습니다.

바야흐로 AI 혁명시대입니다. AI는 반도체와 전기를 먹고 성장합니다. 그래서 AI 시대의 리더십을 가져다줄 두 양대 산업이 바로 반도체와 발전입니다. AI의 리더 미국은 이미 반도체 제조와 원자력 발전을 미-중 패권 경쟁의 핵심 아젠다로 선정하고 추진 중입니다. 다행히 우리에겐 반도체 산업이라는 강력한 무기가 있고 원자력 발전 산업도 이미 세계적 경쟁력 까지 확보하고 있습니다. AI 산업에서 앞서갈 수 있는 핵심기술을 보유하고 있는 셈입니다. 앞으로 더욱 안전하게 원자력을 활용할 수 있는 기술을 확보하고 우리 국민은 물론 전 세계에 그 기술력을 잘 설득하고 실천하는 일이 숙제로 남았습니다.

저는 이 책이 그 길고 험한 여정의 작은 출발점이 되리라 생각합니다. 과학기술의 진보는 많은 연구자들의 힘으로 이루어지지만, 그 기술이 사회에 적용될 때는 고집불통 외길 엔지니어의 뚝심이 출발점이 되곤 했습니다. 저는 이 책이 AI 시대의 강국 대한민국을 여는 또 하나의 초석이 될 거라 믿어 의심치 않으며 많은 분들의 선택을 추천합니다.

| 서문 |

사용후핵연료는 원자력의 일부이면서도 전부나 마찬가지이다. 원자력 이야기가 나오면 늘 따라 나오는 단어가 바로 이 사용후핵연료이기 때문이다. 원자력은 국내 산업 성장의 중추적인 역할을 해 왔기에 그 중요성에 대해서는 모두 공감하고 있다. 그러나 사용후핵연료 문제에 대해서는 다들 두려워하거나, 기피하는 문제이기에 원자력의 발전을 막는 가장 큰 장애요인이라 해도 과언이 아니다.

필자는 한국원자력연구원에서 지난 39년간 사용후핵연료와 관련된 일을 하고 있다. 1987년 4월 30일 국내 최초의 사용후핵연료 수송에 참여한 이후, 1989년부터 1995년까지 6년간을 고리 원전에서 사용후핵연료 수송 사업의 실무를 총괄하며 수송기술 확보에 기여했으며, 2000년부터 핵주기 시설의 구축을 비롯해 사용후핵연료 관리 기술개발에 매진해 왔다.

연구원에서 최초의 해외출장인 1992년 4월 미국에서 개최된 제3차 국제 고준위 방사성폐기물학회(HLRWM)에 참석한 것을 비롯하여, 운반 분야의 대표적 학회인 PATRAM, 처리기술과 관련한 ATALANTE, GLOBAL, INMM 학회 및 2022년 스위스에서 개최된 처분 분야 ISCO 학회까지 많은 학회 참석을 통해 세계 각국의 운반, 저장, 처리와 처분 등 후행 핵연료주기 분야의 다양한 기술개발 현황을 파악했다.

2006년 10월 23일 미국 아이다호 국립연구소에서 개최된 최초의 한미 선진 핵연료주기 R&D 포럼에 참석하였다. 이때 우리나라는 사용후핵연료를 이용한 모든 연구과제를 미국 국무부(DOS)의 승인을 받아야 한다는 것과 이에 대한 우리의 대응이 미흡하다는 것을 알게 되었다. 사용후핵연료 관련 기술개발을 하는 연구원으로서 이런 상황을 개선하기 위해 노조 지부장이 된 후 과기부 원자력국 간부들과 연구원 최고 경영진 간의 긴밀한 협의 시스템을 구축하기 위한 정기 연찬회를 제안하여 과기부와의 협력을 강화한 일은 큰 보람을 느끼고 있다.

노조 일을 마친 후 핵비확산시스템연구부장, 핵주기전략개발부장과 핵주기환경연구소장 등의 보직을 수행하면서 기술개발도 중요하지만 미국과의 대외 협력은 물론 국내 환경단체와의 갈등과 원자력계 내부에서의 갈등을 해결하는 것이 매우 중요하다는 것을 절실히 느꼈다.

2017년에는 문재인 정부의 탈원전 정책으로 인해 사용후핵연료 관리 기술개발에 대한 문제가 큰 쟁점이 되었다. 한미 양국 간에 10년 동안 공동연구를 통해 사용후핵연료 재활용 기술에 대한 타당성을 검토하기로 한 연구가 중간에 중단될 위기에 처한 것이다. 사용후핵연료 재활용 기술을 다루는 국회 토론회에 매번 참석하여 반핵단체들의 우려와 전문가들 간의 심각한 논쟁을 경청하고, 기술적 문제해결뿐만 아니라 정치적으로도 잘 풀어내야 한다는 것을 깨닫게 되었다. 끈질긴 노력 끝에 중단될 위기에 처했던 공동연구를 계속하도록 예산을 승인받는 좋은 성과를 이끌어 냈다.

2019년 하반기에 핵주기환경연구소 소장직에 임명되어 사용후핵연료 관련 기술개발을 총괄하면서 국가의 체계적인 관리를 위한 국회의 고준위방사성폐기물 특별법 제정에 힘썼다. 이 법안의 제정과 관련한 일을 하면서 원자력계가 기관 간, 부문 간 이해도가 다르고, 입장도 많이 다르다는 것을 실감했다. 게다가 사용후핵연료에 대한 정부의 관할 부처가 과학기술부와 산업통상자원부로 나뉘어져 있고, 산하기관의 역할이 다르다 보니 부처별로 생각하는 법안의 내용 또한 달랐다. 정부 부처나 기관의 입장이 다른 것은 그렇다 치더라도 원자력계 내부 종사자들 간에도 이해나 판단이 달랐다는 것이 더욱 안타까웠다.

세 개 법안이 상정되고 오랜 기간 토론 끝에 2025년 3월 25일『고준위 방사성폐기물 관리에 관한 특별법(약칭: 고준위방사성폐기물법)』이 제정되어 2025년 9월 26일부터 시행되고 있다. 이 법안에는 고준위 방사성폐기물 관리의 기본정책 및 방안은 물론 중간저장시설과 처분시설에 대한 계획 수립에 관하여 언급하고 있다. 이 밖에도 원전 부지 내 사용후핵연료의 저장시설에 관한 사항도 포함되어 있다.

이 법안에는 몇 가지 중요 일정이 제시되었고, 관리시설 유치지역의 지원 계획에 관한 내용이 명시되었다. 한 가지 아쉬운 것은 부지 내 저장시설의 저장용량을 원자로의 설계수명 기간 동안에 발생하는 양으로 한정한 것이다. 비록 아쉬움은 있지만 현안들을 제대로 해결하려는 노력이 매우 중요하다고 생각된다.

필자가 사용후핵연료와 관련한 일을 시작한 이래, 이 분야에서 실무부터 기술개발 총괄까지 수행하고, 법안 관련 토론회 등을 거치며 사용후핵연료에 관한 중요한 내용을 다각도에서 접하고 경험해 온 사람으로 사용후핵연료에 관한 일반인의 이해를 돕기 위해 책을 쓰기로 마음을 먹었다. 이 책에서는 단순한 사용후핵연료 관련된 기술적 안전성을 말하려는 것이 아니다. 불필요한 오해를 없애고 국민과 함께 좀 더 나은, 제대로 된 해법을 찾는 게 더욱 중요하다고 생각하기에 이런저런 문제점에 대해서도 가감 없이 이야기하여, 원자력계는 물론 일반 국민도 함께 공감할 수 있는 해법을 만들고자 하는 것이다.

필자는 국내 원전 현장에서의 경험뿐만 아니라 영국의 셀라필드 재처리 시설은 물론 프랑스의 라하그 시설, 일본의 로카쇼 시설 등의 재처리 시설을 방문했다. 또한 스웨덴의 SKB는 물론 프랑스의 안드라 처분장, 스위스의 나그라 지하처분 연구 시설과 미국 솔트레이크 외곽의 클라이브라는 저준위 방사성폐기물 처분장도 견학하였다. 미국 아이다호 국립연구소에서 1년간 파견근무를 하며 핫셀 시설들은 물론 사용후핵연료를 저장하는 복합 시설과 저장 용기를 이용한 부지 내 저장 현황까지 살펴보았다. 국내 경주 처분장도 완공 전 공사 중일 때 방문한 이후 운영 중인 상태에서도 방문했다.

필자는 사용후핵연료에 대해 많은 경험을 가진 한 명의 국민으로서 국가와 국민에게 가장 좋은 해법이 무엇인지를 생각해 왔다. 급하다고 단기적이고, 단편적인 면만 바라보아서는 안 된다고 생각한다. 국가 경제 전체와 급격하게 진보하는 과학기술의 발전을 고려하여 중장기적인 관점에서 가장 좋은 해법을 찾는 지혜로운 해결이 중요하다고 생각한다.

이에 필자는 39년간의 실무 연구와 관련 현장에서의 경험을 바탕으로 사용후핵연료 관련 기술개발 현황과 문제를 이해하기 쉽게 풀어나가 전 국민이 이해하고 받아들일 수 있는 사용후핵연료에 관한 해법을 찾아보고자 한다.

| 목차 |

제1장

사용후핵연료
관련 업무의 시작

필자는 1987년 1월 정부출연연구기관인 한국에너지연구소(현 '한국원자력연구원')에 입사하여, 현재까지 39년을 넘게 일하고 있다. 필자는 사용후핵연료 수송 분야의 연구개발 업무에서부터 시작하여 직장생활에서의 업무는 크게 세 가지로 구분할 수 있다. 입사 후 처음 13년간은 수송 분야에서 일을 했는데, 여기에는 사용후핵연료 수송뿐만 아니라 중저준위 방사성폐기물의 운반까지를 포함한다. 두 번째 단계는 2000년부터 2015년까지 사용후핵연료 처리기술인 파이로 기술을 개발하기 위한 핫셀(Hot Cell)[1] 시설을 구축하는 일을 하였으며, 세 번째 단계는 2016년부터 현재까지로 사용후핵연료 처리기술인 파이로 기술개발은 물론 처분기술 개발의 총괄 업무까지 다양한 일을 수행하였다.

필자가 연구소에 처음 발을 내디딘 부서는 방사성폐기물관리본부의 안전시험해석부의 '조사후시험기술실'이었다. 출근 첫날 나는 부서장께 인사를 드리러 갔는데 생각지도 못한 엉뚱한 일이 나를 기다리고 있었

---

1) 핫셀(Hot Cell): 높은 방사선을 방출하는 물질을 안전하게 취급하고 실험할 수 있도록 설계된 특수 시설로 차폐벽과 납유리 창, 원격조작기(Manipulator), 공기정화 시스템 등을 갖추고 있어 방사선으로부터 작업자를 보호하면서 원격조작기를 통해 정밀한 실험과 공정을 수행함.

다. 에너지연구소에서는 우리 부서에 1987년 1월 1일 사용후핵연료 및 중저준위 방사성폐기물의 수송 분야 업무를 수행할 '수송계통실'이 신설하였는데, 문제는 실장만 발령이 난 상태이고, 실무를 수행할 연구원이 없었기 때문에 우리 부서 내에서 인원을 내어 줘야만 하는 상황에서 내가 출근한 것이다.

당시에는 에너지연구소가 원자력 기술을 개발하는 유일한 연구기관이었으며, 사용후핵연료와 중저준위 방사성폐기물과 관련된 모든 기술개발 업무를 방사성폐기물관리본부에서 수행하고 있었다. 당시 본부에서는 사용후핵연료 수송의 중요성이 대두되어 새로운 부서를 신설하게 된 것이다. 조사후시험시설은 원자력발전소 원자로에서 조사된 사용후핵연료의 건전성 평가 등을 수행하는 핫셀 시설을 운영하는 부서인데, 당시에는 시설을 완공한 상태에서 시설의 각종 성능을 점검하던 상황이었으며, 아직 사용후핵연료가 반입되지 않은 상태라 시설의 준공 이후 아무런 실험을 수행하지 못하고 있었다. 이런 배경 때문에 시설의 운영을 위해서도 '사용후핵연료의 수송'을 도와줘야만 하는 상황이었다.

결국 나는 발령 부서에서 일을 시작도 하지 못한 채, '수송계통실'로 6개월간 파견되어 수송 분야의 업무를 시작하였다. 부서의 업무는 사용후핵연료 및 중저준위 방사성폐기물 운반과 관련된 모든 업무를 수행하였다. 당시 국내에는 장치개발 전문 부서인 '장치개발실'에서 가압경수로(PWR)[2] 사용후핵연료 집합체 1다발을 운반할 수 있는 KSC-1 수송용기(Cask)의 개발을 완료한 상태였다.

....

2) PWR: Pressurized Water Reactor, 가압경수로, 전 세계에서 가장 널리 사용되는 원자로 방식

근무 첫날 실장님은 필자에게 수많은 참고문헌을 주면서 빨리 읽고 업무를 파악하라고 지시했다. 그 어느 부서보다도 일이 많았고, 수송과 관련된 모든 일을 전부 챙겨야만 하는 상황이었다. 물론 KSC-1 수송용기를 개발한 팀원들과 조사후시험시설 운영 요원들이 협조하기로 되어 있었지만, 주관 부서에서 모든 일을 챙겨야 했기 때문에 유일한 부서원이었던 필자에겐 업무 분담이란 말 자체가 의미가 없었다.

가장 먼저 한 일은 「KSC-1 수송용기 안전성분석보고서」를 읽고 수송용기의 설계 내용과 안전성 평가 항목 등의 기술기준 등에 관한 사항들, 그리고 관련 취급 장비가 무엇이 있고, 이를 원전에서 어떻게 운영하는지 절차를 파악하는 것이었다[1]. 그다음으로 한 일은 국내 중량물 운반 사례를 조사하는 것이었다. KSC-1 수송용기가 28톤으로 중량물이었기 때문이다. 필자는 국토관리청과 도로공사는 물론 철도청(현 '코레일') 등을 방문해 중량물 운송과 관련된 제반 사례를 수집하고, 주의할 사항을 확인했다. 필자는 마침 군 복무를 수송부에서 했기 때문에 소송에 관련된 이해가 남들보다는 조금 더 편했던 것 같다.

이와 같은 기초자료 조사를 바탕으로 1987년 2월과 3월에는 연구원에서부터 원자력발전소 사이의 구간별 수송 도로 현황을 실사하였다. 요즘이야 내비게이션이 있고, 구간별 다른 대안 도로를 검색하기도 쉽지만, 당시에는 척도 10,000:1 지도를 구간별로 펼쳐놓고, 구간별로 거리가 얼마나 되고, 시간이 얼마나 걸리는지, 교량이 어디에 있고, 상태는 어떤지 등을 교량의 아래까지 내려가서 일일이 점검하고 기록해야 했다.

1987년 1월 하순에 시작한 도로 조사에서 처음 약 2주간은 원자력연구원과 국내 각 원전 간의 도로망을 확인하는 일이었지만, 고리 1호기의 사용후핵연료를 수송하는 일정이 4월 말로 결정되자 2월부터는 본격적으로 상세한 도로 현황을 조사했다. 정말 지루할 정도로 힘든 일이었지만, 국내 최초의 사용후핵연료를 수송하기 위한 준비 작업인 만큼, 만에 하나라도 사고가 나면 안 되기 때문에 모든 교량마다 일일이 직접 위치, 제원, 상태 등을 꼼꼼하게 점검하였다. 이런 철저한 조사를 바탕으로 수송 경로를 선정하였다. 당시에는 최초의 중량물 수송이라서 필자도 담당자로서 업무의 중요성과 사고에 대한 우려로 매우 긴장된 상태였지만, 당시 수송의 총책임자셨던 실장님은 수송 경로를 확정할 때 엄청난 부담이 있었지만, 필자와 오직 두 명뿐인 상태에서 결정을 남에게 미룰 수가 없었다. 이 수송 경로 및 일정에 대하여 내무부(현 '행정안전부') 산하 치안본부에 신고하고, 도 단위 구간별로 경찰차의 호송을 받도록 하였다.

도로 조사와는 별도로 고리 1호기를 방문해서는 당시 이 수송의 담당 부서였던 고리원자력본부 제1발전소의 '기술부'와의 긴밀한 협의를 통해 원자력발전소 핵연료 건물 현장에서의 작업 내용에 대해 긴밀히 협의하였다. 수송 작업을 위해 수송용기와 관련 취급장치를 이용한 주요 공정별 세부적인 작업 내용을 일일이 명시하고, 점검하는 작업절차서를 작성하여 한국전력공사(현: 한국수력원자력(주), 이하 '한수원') 기술부의 검토를 완료하였다. 이 절차서에 따른 철저한 리허설을 한 후 수많은 원자력계 인사들의 참관 속에 국내 최초의 사용후핵연료 장전·선적 작업을 수행하였다.

필자는 리허설 중에 평생 잊지 못하는 일을 경험하게 되었다. 사용후핵연료 수송을 위해서는 수송용기를 취급하는 인양장비를 비롯해 사용후핵연료 취급장비와 수송용기 뚜껑 취급장비, 누설시험장치 등의 관련

장비를 갖춰야만 한다. 누설시험 장치를 제외하고는 모두가 핵연료 건물에 있는 크레인을 이용해야만 한다. 따라서 크레인 혹(Hook)의 최대 인양 높이에서부터 수송용기 상부까지의 거리는 물론, 수송용기가 장전조(Loading Pit)에 안착된 상태에서의 높이에 맞게 취급 장비 길이를 설계해야만 한다.

그런데 모든 게 순조롭게 진행되던 리허설 중에 수송용기 뚜껑 취급 장비의 길이가 길어서 뚜껑의 취급에 문제가 발생한 것이다. 다행히 작업 조장의 아이디어로 주요 크레인에 붙어 있는 보조 크레인을 이용하여 문제를 해결했지만, 많은 참관 인사들이 보고 있는 상태에서 이 장비의 설계 담당자는 얼굴을 들 수 없는 곤경에 처해 비난의 눈초리를 받던 모습을 바로 옆에서 지켜보게 되었다.

이 일로 필자는 무슨 일을 하든 하나만 잘못되어도 모든 걸 망친다는 걸 알기에 많은 장치들을 개발하며 각별히 더 철저히 하는 게 몸에 배게 된 것이다. 왜냐하면 장치는 만들어지고 나면 고치기가 어렵고, 잘못된 부분이 있으면 모든 게 현장에서 드러나기 때문이다. 특히 조그마한 사고라도 나면 언론에 대서특필 되는 원자력 분야에서 사용후핵연료나 방사성폐기물을 취급하는 장치를 개발하고, 현장에 투입하여 사용하는 것은 그 장치에 대한 모든 걸 책임져야 하는 것을 의미하는 것이기 때문이다.

1987년 4월 30일 국내 최초의 사용후핵연료 수송이 성공적으로 수행된 후, 연구소에서는 본격적인 사용후핵연료 관련 기술 개발을 수행하기 시작했다. 1987년 5월 연구원도 3명이 더 충원되었고, 1990년에도 2명이 더 충원되었지만, 정말 소수의 인원으로 상당한 일들을 수행해야만 했다. 당시 국내 최초로 가동된 고리 1호기의 사용후핵연료 저장조의 저장

용량이 포화를 앞두고 있었기 때문에 「고리 1호기 소내 수송 사업」에 착수하게 되어, 원자력연구원에서는 경수로 핵연료 4다발을 운반할 수 있는 KSC-4 수송용기와 관련된 부대 장비를 개발하는 것은 물론 고리 원전에서의 실제 사용후핵연료의 운반·저장까지의 모든 업무를 일괄해서 수행하게 된 것이다. 「고리 1호기 소내 수송 사업」이 진행된 1989년부터 1995년까지 약 6년간의 발전소 현장에서의 일은 비록 너무 힘들었지만, 필자에겐 업무 역량을 강화하는 데 큰 도움이 되었다. 수송용기의 설계를 끝내고, 인허가를 받는 과정은 또 다른 경험이었다. 새롭게 수송용기에 대한 부분을 평가하게 된 담당자를 설득하는 일을 정말 고난의 길이었지만, 돌이켜 보면 이 또한 필자에게는 큰 도움이 되었다고 생각한다. 구체적인 기술기준과 평가 절차 등이 없는 상태에서 인허가를 내주는 일은 정말 힘들다는 것을 이해해야만 한다. 일상적인 업무가 아닌 국내 최초의 사용후핵연료 이송 사업이라 모든 사람의 관심이 집중되었고, 담당자들은 늘 긴장 속에서 모든 것을 확인해 줘야만 안심을 하였다.

필자는 이렇게 사용후핵연료 수송 분야에서 일을 시작하게 되었다. 수송에 관한 기술적인 내용은 다음 장에서 자세히 설명하도록 할 예정이나. 「고리 소내 수송 사업」이 끝난 후 사용후핵언료를 좀 더 효율적으로 운반하기 위해 7다발 용량의 수송용기 등 여러 가지 용기의 개발과 관련 기술외 고도화에 전념했다.

당시 사용후핵연료 중간저장시설[3]이나 중저준위 방사성폐기물 처분장 부지를 구하는 일도 '방사성폐기물관리본부'의 일이었다. 필자는 고리 1

----

3) 중간저장시설: 사용후핵연료를 최종 처분장에 보내기 전에 원전 부지 밖에 저장하는 시설

호기 현장에서 수송작업을 수행하던 중 곧 처분장 부지가 구해질 것 같은 상황 때문에 국내 사용후핵연료와 운반 관련 체계 구성에 대한 미션을 받고 1994년 5월 영국 핵연료공사(BNFL)[4]에 가서 영국의 사용후핵연료 운반용기는 물론 수송 관련 시설, 사용후핵연료 운반 선박과 항구 및 셀라필드 재처리 시설을 견학하고 더 큰 핵연료주기 시스템에 대한 개념을 생각하게 되었다.

필자는 2000년부터 핵주기 시설인 파이로 실험을 위한 핫셀(Hot Cell) 시설을 구축하는 일을 시작했는데, 시설을 개발하는 일은 시설 자체뿐만 아니라 시설 내의 각종 설비와 장치들은 물론 업무가 엄청나게 확대되어 또다시 새로운 마음으로 많은 업무를 배우게 되었다. 이후 핵주기전략개발부 부장직을 맡으며 핵연료주기와 관련된 국가전략에 대한 일로 확대되며 오늘까지 많은 일들을 수행하게 되었다.

---

4) BNFL: British Nuclear Fuel Limited

제 2 장

국내 사용후핵연료
수송의 시작

1

국내 최초 사용후핵연료 수송(운반)

원자력연구원(이하 '연구원')에서는 1987년 수송계통실을 신설하면서 사용후핵연료 및 중저준위 폐기물의 운반과 관련된 일을 본격적으로 수행하기 시작했다. 국내 최초의 사용후핵연료 수송은 KSC-1 수송용기를 이용해 1987년 4월 30일의 고리 1호기의 사용후핵연료를 고리 원전에서부터 대전의 원자력연구원 조사후시험시설까지 운반한 것이었다.

수송(운반) 용기는 사용후핵연료나 방사성폐기물을 안전하게 운반하기 위해 특수하게 설계된 용기로 운반 중에 발생할 수 있는 충격, 화재, 침수 등의 사고 조건에서도 내부의 방사성물질이 외부로 유출되지 않고 건전성을 유지해야 한다. 용기 내부의 방사성물질을 밀폐하여 방사성물질이 외부로 새어 나가지 않도록 하는 격납기능, 방사선 피폭을 방지하는 차폐기능, 핵분열 연쇄반응을 막는 임계방지기능, 내부의 사용후핵연료에서 나오는 붕괴열을 배출하는 냉각기능 등의 안전성을 갖춰야만 한다.

용기 내부에는 사용후핵연료를 담는 바스켓(Basket)이 있고, 바스켓 외부에는 1차 격납을 담당하는 내부 셀(Shell)이 있으며, 내부 셀 바로 외부에는 납(Lead) 재질의 감마선 차폐체, 외부에는 중성자 차폐재로 구성되며, 두 차폐체 사이의 중간 셀이 구조적 강도를 유지하는 역할을 한다. 수송용기의 외부 앞뒤에는 충돌사고에 대비한 충격완충체(Impact Limiter)를 부착한 후 운반하며, 상하부에는 수송용기 인양과 안착에 사용하는 인양고리(Trunnion)가 붙어 있다. 구조재로는 중소형 수송용기의 경우에는 주로 스테인리스강을 사용하는데, 7다발 이상의 중대형 용기의 경우 셸 구조(Shell Structure)로는 강도를 유지하기 어렵기 때문에 단조강(Forged Steel)을 쓰기도 한다.

1987년 4월 29일 고리 1호기에서 사용후핵연료 장전작업을 무사히 마친 후 수송용기를 장전조에서 꺼내어 제염조에 안착시킨 후, 표면 오염을 제거한 후 방사성물질의 누설이 없도록 누설시험과 표면오염 검사 등의 검사를 마쳤다. 다음날인 4월 30일 오전에 KSC-1 수송용기를 KSC-1 수송용기 전용 결속장치가 설치된 운반전용 트레일러에 상차한 후 한수원과 핵물질 인수인계 등의 관련 서류를 인계받고, 원자력안전센터(현 '원자력안전기술원')의 운반검사를 마친 후 고리 원자력발전소를 나와 대전의 원자력연구원으로 향했다.

수송차량 대열은 7대의 차량으로 구성되었다. 선두에는 경찰 호송 차량이 앞장서고, 사용후핵연료가 장전된 KSC-1 수송용기를 실은 수송차량, 그 뒤에는 혹시라도 있을 수 있는 차량의 고장에 대비한 예비 차량과 비상시 응급 복구를 위한 장비 선적 차량, 방사선 안전관리 요원 탑승 차량, 비상시 경계를 위한 경비요원 탑승 차량이 따르고, 맨 뒤에는 경찰 호송 차량으로 구성되었다.

KSC-1 수송용기가 28톤으로 중량물이기 때문에 시속 40km 이하의 저속으로 운반하였다. 특히 교량을 통과할 때는 혹시라도 사고가 발생할 경우 민간 차량의 피해가 없도록 다른 차량의 통행을 일시 멈춘 후에 통과시키며 안전에 만전을 기했다. 당시에는 국도가 편도 1차선인 경우가 많아서 긴 수송 행렬로 인해 교통체증이 발생하지 않도록 중간중간 운송 대열을 일시 멈추고 일반 차량의 통행을 원활하게 하였다. 또한 몇 시간마다 차량의 안전을 위해 휴식을 취했는데, 이때에는 안전요원들이 수송 용기 주변에 경계를 서며 불필요한 민간인의 접촉으로 인한 사고를 방지하였다.

이런 과정을 거쳐 국내 최초로 고리 1호기의 가압경수로 핵연료 집합체 1다발을 원자력연구원으로 국내 최초의 사용후핵연료 수송을 무사히 완수하였다. 이와 같이 수송해 온 사용후핵연료는 그림 2-2와 같이 조사후시험시설의 수조에서 안전하게 인출하여 저장랙(Storage Rack)에 저장한 후에 각종 검사를 수행하였다.

수송 경로 및 일정에 대하여 내무부(현 행정안전부) 산하 치안본부에 신고하고, 도 단위 구간별로 경찰차의 호송을 받도록 하였다. 필자는 수송 경로를 조사했고 수송 실무자였기에 맨 앞의 호송 차량에 탑승해 구간별 인수인계나 휴식 등의 일을 총괄했다. 아쉽게도 이때의 사진을 찾을 수가 없어서 대신 그림 2-1과 같이 1998년 4월에 있었던 울진 원전에서의 운반 사진을 참고하면, 독자들의 이해가 쉬울 것이라 생각된다.

그림 2-1. 사용후핵연료 운반 시 휴식 중의 경계업무
(1998년 4월)

그림 2-2. 조사후 시험시설의 사용후핵연료 인출작업

2

사용후핵연료 소내 수송

국내 최초의 사용후핵연료 수송을 성공리에 마친 원자력연구원은 1987년 중반부터 본격적인 중소형 수송용기 개발에 매진하였다. 이렇게 개발한 KSC-4 수송용기는 가압경수로형 사용후핵연료 4다발을 수송할 수 있는 운반용량을 갖고 있다[2]. 이 용기는 당시 「방사성폐기물 수송사업」의 일환으로 원전에서 저장 중인 사용후핵연료를 원전 부지 내에서 운반하는 것뿐만 아니라, 향후 건설될 중간저장시설로도 운반할 수 있도록 설계하였다.

이 용기는 그림 2-3의 개략도와 같이 스테인리스강 셀(Shell) 구조에 납과 레진의 감마선과 중성자 차폐체로 구성되며, 총중량이 약 37톤이다. 용기의 크기는 직경이 약 1.2m, 길이가 약 4.8m이다. 효율적인 수송 작업을 위해 2개의 용기를 제작했는데, 첫 번째 용기 No. 1은 한국중공업(현 '두산에너빌리티')에서, 두 번째 용기 No. 2는 현대중공업에서 제작하였다.

KSC-4 용기는 습식수송과 건식수송 모두 가능한 구조로 설계하였다. 국내에서의 운반에는 대부분 시간이 많이 소요되지 않기 때문에 수송용기 내부에 물이 채워진 습식수송을 하는 것이 간편하다. 그러나 장기간이 걸리는 경우에는 수송용기 내부에 물이 있으면 사용후핵연료 붕괴열로 인해 압력이 상승하므로 내부에 물이 없는 건식수송을 해야 하기 때문에 이 두 가지 경우에 대비하여 습식과 건식 운반 방법을 다 쓸 수 있도록 한 것이다.

KSC-4 수송용기를 이용한 수송을 위해서 수송용기 외에도 그림 2-4와 같이 용기 인양장비, 뚜껑 취급장비, 압력 누설시험 장치 등 수송에 필요한 많은 부대장비를 함께 개발하게 되었다.

원자력발전소에서 이와 같이 수송용기와 관련 부대장비를 이용한 운반작업은 연구원이 총괄 관리를 하였지만, 원전의 운영사인 한수원의 지휘감독을 받았으며, 실무적인 작업은 한전보수주식회사(현 한전KPS(주), 이하 '한전KPS')에서 수행하였다[3,4].

수송용기에는 기계 분야는 물론 열과 방사선 차폐, 임계 부분 등이 총망라되기 때문에 부서원 모두가 참여하여 개발했지만, 수송 관련 장비의 대부분은 기계구조와 장치설계를 담당했던 필자가 설계해야 했다. 그 때문에 필자는 수송 작업과 관련 사안에 대해서 세세한 절차를 명시한 절차서를 작성하여 승인받아야만 했다[5,6].

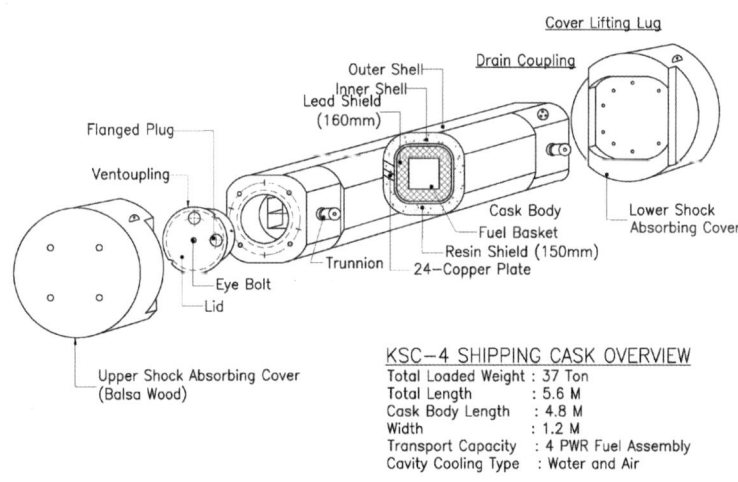

그림 2-3. KSC-4 수송용기 개략도

사용후핵연료 장전작업과 하역작업의 주요 내용을 일반 독자가 쉽게 이해할 수 있도록 그림 2-5, 2-6에 제시하였다. 이러한 작업 절차에 따라 고리 1호기 사용후핵연료 소내 수송·저장 절차서를 만들어 한수원의 승인을 받아 작업을 수행하였으며, 매 중요한 단계별로 작업 조장과 한수원 감독의 서명을 받고 나서야 다음 작업을 진행할 수 있었다.

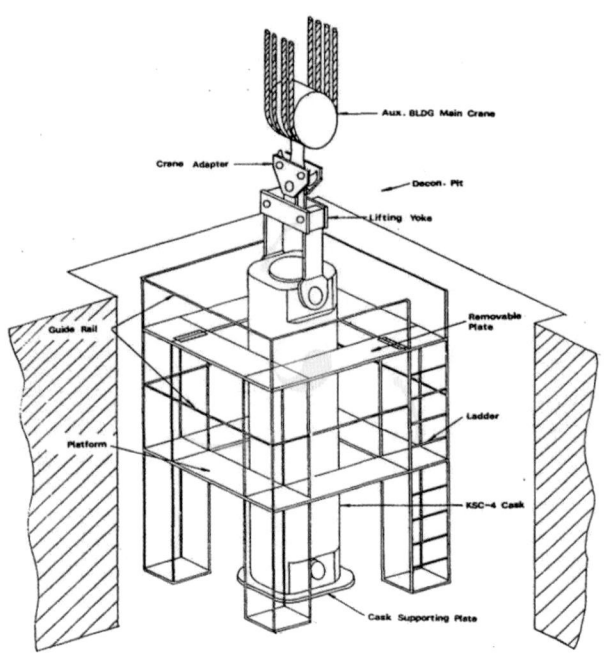

그림 2-4. 수송용기 인양장치 및 작업구조물

① 수송용기 인수	② 1호기 방풍벽 내부 반입후 작업	③ Decon. Pit 내부 반입후 작업	④ Loading Pit 내 작업
- 인수인계서류 확인	- Cask 표면오염측정 (HP)	- 제염작업 (세척)	- L/P 충수 (운전원, 항공)
- 수송차량/용기외부 확인	- Cask 표면선량측정 (HP)	- 1차 누설시험 (Leak Test)	- Weir Gate Open (L/P)
- Fuel BLDG Crane 확인	- Trailer 표면오염측정 (HP)	- Weir Gate Close (L/P)	- 핵연료장전 (기술부 입회)
	- 관련장비 작동상태 확인	- Lading Pit 배수	- Spacer & Lid 체결
	- 문개방신청, 물품반입신고	- Loading Pit로 이동	- Weir Gate Close
	- 충격완충체 해체작업		- L/P 배수 (운전원. 항공)
	- 수송용기 하역작업		- Decon. Pit로 이동
	- 용기 N-5 Decon Pit로 이동		- 발전과장 통보 (충배수작업)

⑤ Decon. Pit 내 작업	⑥ 수송용기 선적작업	⑦ 수송용기 수송	⑧ 수송용기 인계
- 1차 제염작업 (순수사용)	- 수송용기 상차	- 운반검사 (KINS)	- 수송차량 3, 4호기 도착
- 2차 누설시험 (Leak Test)	- 충격완충제 체결	- 1호기 작업책임자 선탑	- 수송책임자 하차
- 제염작업 완료	- 표면오염도확인 (한전HP)	- HP 요원 탑승	- RMSR 인계
- 배차신청, 문개방신청	- 표면선량율확인 (한전HP)	- RMSR 작성 (방사능측정포함)	- 관련서류 인계
- 물품반출신청	- 차량표면오염도확인 (한전HP)	- 1발전소 후문 개방요청	

2-5. 사용후핵연료 장전작업 절차

① 수송용기 인수	② 3, 4호기 핵연료건물 내부반입후 작업	③ Decon. Pit 내 작업	④ Loading Pit 내 작업
- RMSR 확인	- 충격완충체 해체작업	- 제염작업	- 충수작업 (운전원, 항공)
- 인수인계서 확인	- 수송용기 하역작업	- 감압작업	- #2 Gate Open
- 수송차량/용기외부 확인	- 수송용기 제염조 이동	- 수송용기내부 온도측정	- 수송용기 뚜껑 Open
- 관련장비 작동상태 확인	- 발전과장 통보 (공사감독원)	- #4 Gate Open (운전원)	- 핵연료취급장비로 교체
- 문개방신청		- Loading Pit로 이동	- 핵연료 저장작업
- Fuel Handling eqip. 정기점검 확인			- #2 Gate Close
			- 배수작업 (운전원, 항공)
			- Decon. Pit로 이동

⑤ Decon. Pit 내 작업	⑥ 수송용기 선적작업	⑦ 수송용기 인계
- 1차 제염작업 (순수사용)	- 수송용기 상차	- 1호기 작업책임자 선탑
- 용기내부 붕산수 배수	- 충격완충제 체결	- 1호기 HP 요원 탑승
- 제염작업 완료	- 표면오염도확인 (한전HP)	
- 배차신청	- 표면선량율확인 (한전HP)	
- 문개방신청	- 차량표면오염도확인 (한전HP)	

2-6. 사용후핵연료 하역작업 절차

사용후핵연료를 반출할 고리 1호기에서는 그림 2-5와 같이 빈 수송용기를 인수하여 핵연료 건물 안으로 반입한 후, 제염조에서 사전점검을 마치면 수송용기를 핵연료 장전조(Loading Pit)[5]에 안착시킨다. 그림 2-7과 같이 수송용기의 바스켓에 사용후핵연료를 장전한 후 수송용기 뚜껑을 덮고, 다시 제염조에서 밀봉을 확인하는 누설시험을 마치고 표면 오염을 제거한 후 밖으로 나와 트레일러에 상차한 후 인허가 기관인 원자력안전기술원의 운반검사를 받는다. 검사에 합격하면 고리 3, 4호기로 출발한다.

그림 2-7. 고리1호기에서의 사용후핵연료 장전작업

....

5) 장전조(Loading Pit): 핵연료 건물의 핵연료저장조(Spent Fuel Pool)의 옆에 수송용기에 핵연료를 장전할 수 있도록 만들어진 구역

그림 2-8. 운반검사 완료 후 한전KPS 작업조원들과 함께

그림 2-8은 고리 1호기에서 사용검사를 마친 후 작업자들과 함께 찍은 기념사진이며, 그림 2-9는 고리 1호기에서 3호기로의 첫 운반 장면이다. 고리 1호기에서 3호기로의 첫 번째 사용후핵연료 소내 수송은 1990년 8월 22일에 이루어졌다. 그림 2-10은 고리 3호기에서 수송용기를 인수한 후 수송용기를 반입하기 전의 검사를 하는 장면이며, 그림 2-11은 고리 3호기에서 수송용기를 인수하여 사용후핵연료를 인출하기 위해 수송용기를 제염조(Decon. Pit)에 하역하는 작업이다.

수송·저장 작업은 고리 1, 3호기의 정기적인 계획예방정비와 신연료 인수 작업 등이 이루어지는 기간을 제외한 기간에 수행하였다. 고리 소내 수송은 작업 준비기간을 제외한 실제 소요 작업일 수는 230일로 최초 사업계획에서의 320일보다 약 90일 정도 단축시켰으며, 전체 사업 기간은 약 7개월 정도 앞당겨 준공하였다[3].

초기에 작업 절차가 완전히 자리 잡기 전에는 시간이 많이 소요되었으나 이와 같이 작업시간을 많이 단축시킬 수 있었던 것은 몇 차례의 수송 작업을 거치며 단위 공정과 일정을 합리적으로 계속 발전시키며 비효율적인 요소들을 많이 제거하였기 때문이다.

소내 수송 사업은 사용후핵연료 156다발을 전체 39차에 걸쳐 수송·저장했다는 면에서는 1차 사업과 2차 사업이 거의 비슷하다. 1차는 고리 1호기의 156다발 전체를 3호기로 수송·저장한 반면, 2차 사업은 고리 1호기의 사용후핵연료 156다발, 총 39차 수송 중 3호기로 80다발, 4호기로 76다발을 분산하여 수송·저장하였다는 차이점이 있다[4].

그림 2-9. 고리 원전의 첫 소내수송(1990.8.22.)

그림 2-10. 수송용기 인수 후 반입 전 검사(고리3호기)

소내 수송작업은 2차 수송사업에서의 마지막 2회를 제외하고 모두 습식수송으로 하였다. 습식수송은 수송용기 내부공간에 물이 어느 정도 채워진 상태로 운반하는 방법을 말한다. 습식 수송의 장점은 물이 열용량이 커서 사용후핵연료의 붕괴열을 효과적으로 식혀 주며, 물 분자가 방사선, 특히 중성자를 흡수하여 외부로의 방사선 노출을 막는 차폐기능도 좋아지고, 수송 절차가 비교적 간단하기 때문이다.

전체 소내 수송 작업 공정 중 수송용기 장전조의 충·배수에 시간이 많이 소요되었기 때문에 작업시간을 단축시키기 위해 고리 1, 3호기에 장전조 충·배수용 펌프를 추가로 설치하였다. 수송용기 장전조는 사용후핵연료를 보관하는 습식 저장조(Spent Fuel Pool)와 연결되어 있으며, 이 두 수조 사이의 수문(Gate)을 열어 물이 통하도록 하여 수조 내부에서 사용후핵연료를 안전하게 이동시켜 사용후핵연료를 물속에서 수송용기 내부

로 옮겨 장전한다. 크레인을 이용하여 빈 수송용기를 장전조로 옮길 때
와 핵연료가 장전된 수송용기를 장전조에서 꺼낼 때는 두 수조 사이의 수
문을 닫고, 장전조의 물을 수송용기의 인양고리(Trunnion)가 드러날 때
까지 물을 빼내야 하기 때문에 많은 시간이 소요되었는데, 소내 수송 전
용펌프를 설치하여 작업시간을 단축한 것이다.

그림 2-11. 수송용기 하역작업(고리 3호기)

수송용기의 안전한 취급과 작업자를 보호하기 위해 고리 1, 3호기에 있는 수송용기 취급용 크레인에 맞는 크레인 연결장치도 추가로 설계·제작하였으며, 사용후핵연료와 수송용기 뚜껑을 취급하기 위한 취급장비들도 별도로 제작하여 작업을 수행하였다. 소내 수송의 작업수행 전 과정에 걸쳐 절차서에 따른 중요 지점마다 한전KPS, 연구원, 한수원의 합동점검 등 품질관리 활동을 철저하게 수행하여 수송·저장 작업의 안전성과 신뢰도를 향상시켰다.

수송용기는 수송을 위해 외부로 반출할 때나 외부에서 반입한 후 장전조에 담기 전에 제염조(Decon. Pit)에서 수송용기 외부 표면에 묻은 방사성 오염 물질을 씻어 내어 운반 과정에서 방사성물질이 외부로 확산되는 것을 막고, 작업자의 피폭 위험을 최소화한다. 이런 제염작업을 위해 그림 2-4의 작업구조물이 활용되었다.

두 개의 용기를 이용한 운반은 고리 1호기에서는 3호기로 사용후핵연료가 장전된 용기를 보내고 나면, 고리 3호기에서 온 빈 수송용기를 인수·하역한 후 장전작업을 수행하고, 3호기에서는 빈 수송용기를 1호기로 보낸 후 고리 1호기에서 보낸 사용후핵연료가 장전된 용기를 인수·하역하여 3호기 저장조에 저장하여 운반작업의 효율성을 크게 높였다.

연구원에서는 수송용기와 장치 설계는 물론 1차 수송사업 준비를 위한 고리 1, 3호기 현장에의 장비 반입·설치를 총괄했으며, 각종 절차서를 작성하여 관련 부서의 승인을 받는 등, 준비 작업부터 수송 현장의 제반 업무를 수행하였다. 연구개발을 하는 연구원들이 발전소 현장에서 "을"의 입장에서 일하면서 이러한 업무를 수행하는 것은 정말 힘들었지만, 핵심 공정에 대한 안전성 확인을 위한 품질관리와 유관 부서·기관들과의 협조·승인 등의 업무 절차를 배우는 데 큰 도움이 되었다.

필자와 함께 작업에 참여했던 한전KPS의 팀원들과 한수원의 감독들은 워낙 오랜 기간을 함께 고생해서 그런지 30년이 넘게 지난 지금도 반갑게 만나고 있다. 그림 2-12는 필자가 6년간 사용후핵연료를 수송했던 고리 원전의 전경이다. 당시에 작업 조장을 하셨던 분은 한전KPS에서 은퇴했지만 유관 업체에서 이사를 맡아 여전히 이 분야의 일을 계속하고 있는 우리나라 사용후핵연료 수송의 산증인이다.

좀 엉뚱한 이야기지만, 80년대 후반에 사용후핵연료 처분 부지를 구하러 영덕 등 동해안을 다닐 때, 사용후핵연료가 매우 위험해서 사용후핵연료를 다루면 무뇌아를 낳는다는 등의 괴담이 있었다. 그런데 원전 현장에서 사용후핵연료를 가장 많이 다룬 이분은 70대 중반인데도 아직도 건강하게 발전소 현장 일을 하고 계신다. 필자 또한 아직 건강하며 이렇게 원자력 분야에서 일하고 있으니, 지금은 이런 오해가 사라졌기를 바란다.

그림 2-12. 고리 소내수송사업이 추진된 원전 전경

3

사용후핵연료 건식수송

앞에서 언급한 바와 같이 KSC-4 수송용기는 습식수송[6]과 건식수송[7]이 모두 가능한 겸용 용기이다. 고리 원전에서의 수송은 고리 1호기에서 바로 인접한 3, 4호기로 운반하는 것이기에 작업 절차가 간단한 습식수송을 하였다. 그러나 연구원에서는 향후 건설될 것으로 예상한 중간저장시설로의 운반과 만일의 경우를 대비해 건식수송을 수행했다.

수송용기에 사용후핵연료를 담기(장전하기) 위해서는 수중에서 작업을 하기 때문에 운반용기 내부에 물이 차게 되는데, 일반적으로 단기 수송에 활용되는 습식수송에서는 용기 내부의 물을 일부만 뺀 후 운반한다. 이때 사용후핵연료로부터 나오는 열로 인해 운반용기의 온도가 상승하게 되며, 시간이 오래 경과되어 용기 내부의 물이 끓게 되면 증기가 발생하여 내부의 압력이 상승하게 된다. 건식수송(Dry Transportation)은 이러한 수송용기 내부의 압력상승을 방지하기 위하여 수송용기 내부 공간(Cavity)에 있는 물을 빼고, 내부를 완전히 건조시킨 상태에서 운반하

---

6) 습식수송: 수송용기 내부 공간에 물을 채운 상태로 운반하는 것으로 용기 내부 온도의 상승 우려가 없는 단기간, 단거리 수송에 이용

7) 건식수송: 수송용기 내부 공간을 진공건조 시킨 상태로 운반하는 것으로 용기 내부 온도상승 우려가 있는 장거리, 장기간 수송에 이용

는 방법으로 용기 내부를 완전히 건조한 후 불활성 기체를 충진하거나 공기를 채워서 운반한다.

연구원은 1990년 KSC-4 수송용기를 이용한 소내 수송을 위해 1990년 3월 8일 '고리 1호기 사용후핵연료 소내 수송·저장 절차서'를 개발하였다[6]. 이 절차서는 1990년 3월 최초 개발된 이래 여러 차례의 개정을 거치며 작업 공정에 따라 최적화를 계속하며 개정하였다. 1990년 8월 18일 제1차 수송을 시작한 이래 1991년 8월 2일까지 3차례 개정을 하면서 1991년 10월 30일 제37차 수송에 이르기까지 습식수송에 적용했다. 1991년 10월 19일 이후에는 추가 개정을 통해 건식수송에도 이를 적용할 수 있도록 하였다.

건식수송을 위해서는 수송용기 내부를 배수시킨 후 건조시키고, 배수를 확인하거나 백필(Backfill) 작업을 위한 별도의 장치도 필요하고, 건식수송·저장 절차서도 필요했다. 필자는 건식수송을 위해 그림 2-13에 나와 있는 수송용기 진공 건조장치(Vacuum Drying System)[8]와 압력조절기를 달아 수송용기 내부에 수압을 낮춰서 안전하게 물을 다시 채우는 장치를 개발하였고, 관련 절차서를 마련하였다. 진공 건조장치의 원리는 수송용기 내부에 남아 있는 물기를 진공펌프를 가동하여 진공압력을 걸어 수분을 증발시켜 내보내어 용기 내부를 건조시키는 것이다. 건식수송에서 대부분의 수송용기 취급작업이나 사용후핵연료 장전, 인출작업 등이 습식수송 절차와 같기 때문에 이런 부분은 습식수송 절차서를 준용하는 것으로 하였으며, 건식수송 부분에 국한하여 세부적인 절차를 추가하였다.

....

8) 수송용기 진공 건조장치(Vacuum Drying System): 수송용기 내부의 물을 배수시킨 후, 잔여 수분을 진공건조를 통해 건조시키는 장치

연구원에서는 1991년 10월 9일 건식 수송·저장 절차서를 신규 제정한 후 한수원에 공문(KSTS-041, "사용후핵연료 건식 수송·저장 절차서 제출")으로 제출했고, 한수원 고리 1발전소의 제1 방사선관리부에서 절차서 신규 제정 안건을 상정하였고, 관련 부서들의 검토를 거친 후 1991년 10월 19일 고리원자력본부 '발전소원자력안전위원회(PNSC)[9]'에서 발전소장의 승인을 받았다.

건식수송의 가장 중요한 특징은 수송용기에 사용후핵연료를 장전한 후 수송용기를 제염조에 안착시키고, 수송용기 표면을 제염한 후, 그림 2-13과 같이 수송용기 내부의 물을 완전히 빼낸 후에 진공 건조장치를 연결하고 진공압력을 이용하여 수송용기 내부를 완전히 건조시킨 후 수송용기 내부에 불활성기체를 대기압 상태로 채워 넣는 것이며, 진공건조 후 수송용기 내부의 완전 건조(수분이 없는 상태)를 진공압력의 변화를 관찰함으로써 확인하는 것이 매우 중요하다.

수송용기를 인수한 발전소에서는 그림 2-14와 같이 수송용기 내부에서 발생한 기체를 진공펌프로 제거하고 공기를 채우는 백필(Backfill) 작업을 수행한 후, 배수구를 통하여 압력조절기를 통해 압력을 낮춘 물을 거꾸로 용기 내부에 채워 넣은 다음, 습식수송에서와 같은 하역작업을 수행하는 것이 차이가 있다.

연구원은 1991년 11월 고리 소내 수송사업 중 제38차, 제39차 수송에서 2회에 걸쳐 건식수송을 통하여 사용후핵연료 8다발을 성공적으로 운반하였다. 그림 2-15는 1991년 11월 7일의 국내 최초의 건식수송에 대한

---

9) PNSC: Plant Nuclear Safety Committee, 발전소원자력안전위원회

운반검사필증을 보여 주고 있다. 이와 같이 건식수송도 우리의 기술로
개발하여 수행한 것이다.

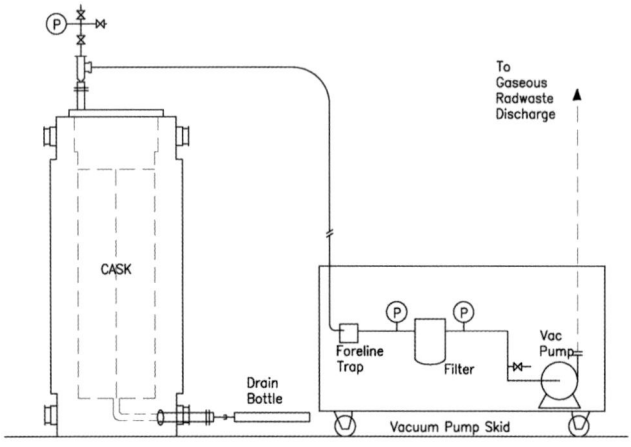

그림 2-13. 건식수송을 위한 진공건조 및 누설시험장치

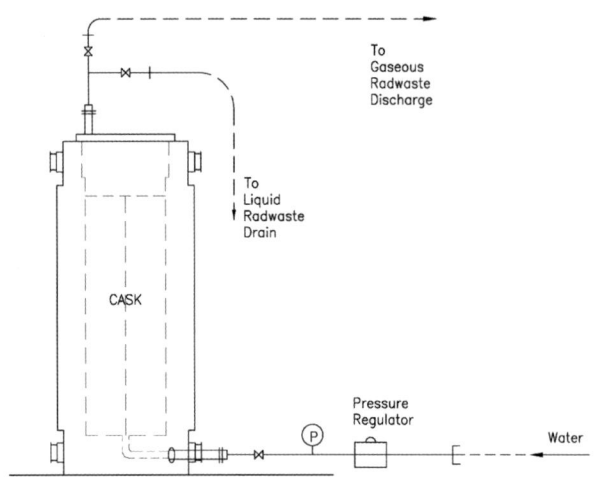

그림 2-14. 용기 내부에 물을 채우기 및 냉각작업

38

운 반 검 사 필 증

수 검 자	명 칭	한국전력공사
	대표자 성명	안 병 화
	주 소	서울특별시 강남구 삼성동 167번지
	사업자의 구분	전기가스업

검 사 내 용

방 사 성 운 반 물 의 구 분 별 수 량	경수로 사용후 핵연료 집합체 4다발 (FUEL ID No. : D37, D39, D40, E01)
포 장 물 의 종 류	제3종 포장물
운 반 방 법	운반용기(KSC-4) 1개를 전용차량(Trailor) 1대에 적재하여 운반
발 송 지 및 도 착 지	고리원전 1호기 ──→ 고리원전 3호기
운 반 년 월 일	'91. 11. 7	검사년월일	'91. 11. 7

위와 같이 원자력법 제111조 및 원자력법 시행령 제238조의 규정에 의하여

검사에 합격 하였으므로 이 증을 교부합니다.

1991년 11월 7일

한 국 원 자 력 안 전 기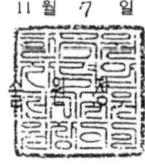

그림 2-15. 사용후핵연료 건식수송 운반검사필증

이 절차서와 관련 기록들은 국내 기술개발과 자립의 역사를 보여 주는 매우 소중한 자료이다. 고리 1호기 사용후핵연료 수송사업에서 적용하였던 수송·저장 절차서 및 운반검사필증 등은 참고문헌의 보고서[3, 4]를 참고하면 큰 도움이 될 것이다.

건식수송은 사용후핵연료 장전 후 용기 내부의 물을 완전히 배수시킨 후 진공건조하여 완전한 건식상태를 유지한 상태로 운반하는 것이다. 건식수송의 장점은 원양 수송과 같이 1주일 이상의 운반이 예상되는 장기간 수송 시 내부의 압력상승을 막아준다는 장점이 있다. 반면에 짧은 시간 내에 운반과 하역이 끝나는 국내의 내륙 수송에서는 용기 내부의 압력상승 우려가 없기 때문에 진공건조 시스템을 사용할 필요가 없다.

과거에는 수송(운반)과 저장이 별개의 주제로 다루어졌다. 그러나 최근 중앙집중식 중간저장시설 확보가 용이하지 못하고, 국제적으로도 원전 부지 내 또는 부지 외 저장이 대안으로 활발하게 사용됨에 따라 운반·저장 겸용 용기가 매우 많이 활용되고 있다. 이 건식수송은 운반·저장 용기의 활용에 있어서 필수적인 핵심 기술로서 우리나라는 이미 1991년에 건식수송에 관한 기본 기술을 확보한 상태로 보아야 할 것이다.

이때의 건식수송은 용기 내부를 배수한 후 진공건조를 통해 내부의 수분을 완전히 제거한 후 공기를 채워 넣고 운반했다. 그러나 장기저장을 위한 저장용기의 경우 내부에 공기를 채우는 대신 질소, 아르곤 가스 등의 불활성 가스를 채워 넣는다는 차이가 있을 뿐 기본적인 원리는 같다고 보면 된다.

4

사용후핵연료 수송용기의 사용검사

사용후핵연료 수송용기의 사용검사는 1998년 KSC-1 수송용기에 대해 최초 검사를 수행한 이래, 2000년에 KSC-4 수송용기에 대한 검사가 수행되었다. 그 이후 원전에서 KN-18 용기 등 다른 수송용기에 대한 검사들이 이루어지고 있지만, 여기서는 의미 있는 아래 두 검사에 대해서만 언급하고자 한다. KSC-1 수송용기 사용검사는 국내 최초의 사용검사란 면에서 큰 의미를 가지며, KSC-4 수송용기는 국내 원전에서의 최초의 사용검사란 면에서 의미가 있기 때문이다.

(1) KSC-1 수송용기의 사용검사

연구원은 국내 최초의 사용후핵연료 B형 운반용기[10]인 KSC-1 수송용기에 대하여 1998년 7월에 국내 최초의 사용검사를 수행하였다[7]. 수송용기에 대한 사용검사는 당시 관련 법규인 과기처고시 제96-38호 '방사성물질등의 포장 및 운반에 관한 규정' 제47조 제2항에 따른 것이다.

....

10) B형 운반용기 : 운반용기는 A형, B형, IP형 등으로 분류되는데, 핵분열 물질인 사용후핵연료를 운반하는 용기는 B형 용기로 분류됨.

연구원은 이 KSC-1 운반용기를 이용하여 1987년 4월 국내 최초로 고리 1호기 사용후핵연료의 조사후시험용 수송을 시작으로 1987년부터 2004년까지 사용후핵연료 집합체를 8회 수송하였고, 결함 핵연료봉은 5번 수송하여 연구원의 조사후시험 평가능력을 확보하는 데 기여하였다. 매 5년마다 검사를 받도록 한 사용검사 규정은 수송용기가 최초에 설계, 개발될 당시에는 없었으며 수송용기가 개발된 지 약 10년 후인 1996년 10월 17일에야 비로소 고시로 제정되었다. KSC-1 수송용기는 비록 사용횟수는 매우 적지만, 매 5년마다 검사를 받도록 규정이 신설됨에 따라 국내 최초로 검사를 받게 된 것이다.

이 고시의 내용은 사용 중인 운반용기에 대해 정기적인 사용검사를 받도록 규정하고 있으며, 표 2-1과 같이 수송용기에 대하여 내외부의 외형검사, 주요 부위에 대한 비파괴검사는 물론 중요한 핵심 성능에 대하여 검사받도록 하고 있다. 또한 수송용기 인양장치 및 결속장치에 대한 하중검사 등 실제 운반과 관련된 사항까지도 검사 항목에 포함되어 있다.

사용후핵연료 수송용기에 대해서는 최초 설계 및 제작 시에 설계승인 및 제작검사를 거치면서 인허가 과정에서 안전성에 대해 충분한 평가 및 검사를 수행한다. 또한 매 운반 시마다 운반검사를 통하여 운반용기를 검사하지만, 추가적인 안전성 확보를 위해 매 5년마다 안전성을 평가하도록 규정하고 있다.

수송용기 사용검사는 원자력안전법 제77조 제1항과 하위법령 및 고시의 규정에 따라 사용검사를 신청해야 하는데, 이 사용검사신청서에는 「운반용기 등의 자체점검 방법 및 결과」를 첨부하도록 되어 있다. 따라서 수송용기 사용검사는 우선 자체검사를 수행하고, 그 검사결과를 첨부하여 사용검사를 신청하여 원자력안전기술원의 입회검사를 통해 합격을 승인받는 절차를 따랐다.

검사 항목 중 열전달 성능검사와 방사선 차폐성능 검사는 가용할 수 있는 사용후핵연료가 매우 제한적이고, 수송용기 내부가 사용후핵연료 수송으로 방사성물질로 오염되어 있기에 가용할 수 있는 사용후핵연료를 사용하여 검사를 수행하고, 설계기준과의 차이는 해석적 방법으로 보완하도록 하였다.

KSC-1 수송용기는 연구원에 있기 때문에 연구원 내에서 보관 중인 사용후핵연료를 사용할 수밖에 없으며, 이 수송용기의 검사를 위해 원전에 가서 저장조에 보관 중인 IAEA의 사찰을 받는 사용후핵연료를 인출하여 쓸 수는 없기 때문이다.

표2-1. 과기부고시 제96-38호 수송용기에 대한 사용검사 항목

사용검사 대상 및 항목	제작검사 대상 및 항목
제46조(사용검사 대상) 1. B형 운반용기 2. 핵분열성물질 운반용기	제43조(제작검사 대상) 1. A형 운반용기 2. B형 운반용기 3. 핵분열성물질 운반용기 4. 특수형방사성물질
제47조(사용검사 항목) 1. 내부와 외부의 외형검사 2. 주요 기능부위에 대한 비파괴검사 3. 인양장치 및 결속장치의 하중검사 4. 최대사용압력검사 5. 격납경계에 대한 누설검사 6. 방사선차폐 성능검사 7. 열전달 성능검사 8. 외부 오염도 검사 9. 운반용기 지지대 또는 설치대 검사	제45주(제작검사 항목) 1. 운반용기의 제작검사항목 가. 구조재 및 주요기능 부품에 대한 재료검사 나. 주요기능 부위에 대한 용접검사 및 비파괴검사 다. 성능검사 　(1) 내부와 외부의 외형검사 　(2) 인양장치 및 결속장치의 하중검사 　(3) 최대사용압력검사 　(4) 격납경계에 대한 누설검사 　(5) 방사선차폐 성능검사 　(6) 열전달 성능검사

또한 설계기준 사용후핵연료의 붕괴열을 모사하기 위해 실제 설계기준 핵연료의 붕괴열을 대신할 수 있는 더미(Dummy) 히터를 사용할 경우 불필요한 방사성폐기물을 만들기 때문이다.

중량이 28톤인 수송용기 인양장치에 대한 하중검사를 위해서는 그림 2-16과 같이 자중의 50%인 14톤의 하중블럭을 확보하고, 이를 수송용기 하단에 지탱할 수 있도록 지그를 추가로 제작하였다.

그림 2-16. 수송용기 인양검사용 하중 블록

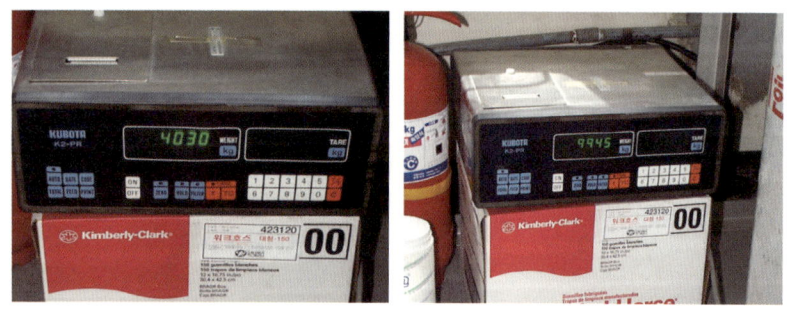

(좌) 9.9톤   (우) 4.03톤

그림 2-17. 하중블록 무게 측정용 저울(Load Cell) 및 측정결과

또 다른 현실적인 문제가 하중블럭의 정확한 무게를 잴 수 있는 저울 (Load Cell)의 용량이 10톤이라는 것이다. 이 때문에 하중블럭을 10톤 미만으로 나누어 사진 2-17과 같이 두 번에 나누어 측정한 후 시험에 적용하였으며, 검사 전에 교정검사 기관의 검교정을 필하여 시험하중의 정확성을 담보하였다.

인양시험에는 조사후시험시설에 있는 63톤 용량의 크레인을 사용하였다. 수송용기의 인양부인 트러니온(Trunnion)에는 손상 방지용 고무패드를 부착하고, 고중량의 하중을 견딜 수 있는 강철와이어를 사용하였다. 트러니온에 대한 적용하중 조건은 28톤의 1.5배인 42톤이므로 수송용기의 하부에 그림 2-18과 같이 자체중량의 0.5배에 해당하는 14톤 중량의 하중 블록을 매단다. 인양검사 후에는 주요 용접부에 대해서 액체침투탐상시험을 수행하여 변형이나 손상 여부를 검사하고 인양부분의 건전성을 확인하였다.

그림 2-18. KSC-1 수송용기 인양시험

방사선 차폐성능 검사는 그림 2-19와 같이 실제 사용후핵연료를 장전한 후, 수송용기를 제염조로 인출하여 표면을 제염한 후 수송용기 표면뿐만 아니라 그림 2-20과 같이 수송용기 하부의 밸브박스 등에 대해서까지 방사선량을 측정하여 차폐 건전성을 확인하였다.

이밖에 압력누설검사 및 헬륨 누설검사 등을 통하여 격납경계의 건전성을 평가하고 구조적, 열적 건전성 및 차폐, 격납 등 제반 검사를 수행하여 수송용기의 건전성을 확인하였다.

이와 같이 연구원은 KSC-1 수송용기에 대하여 1998년 7월부터 사용검사를 위한 자체검사를 마친 후, 원자력안전기술원의 입회검사를 거쳐 1998년 10월 19일 사용검사 합격 통보를 받아 사용검사에 최종 합격하였다.

그림 2-19. 방사선차폐성능 검사용 핵연료 삽입

그림 2-20. 수송용기 밸브박스의 방사선량률 측정

(2) KSC-4 수송용기의 사용검사

KSC-4 수송용기는 앞에서도 언급하였지만 1989년에 개발을 완료하고, 고리 사용후핵연료 수송사업에 투입되어 1996년까지 1회 사업에 156다 발씩 2차례의 수송사업을 통하여 총 312다발을 수송하는 데 사용하였다. 1993년 12월부터 1996년 6월까지 5년 이상 사용하고 보관 중이던 KSC-4 수송용기는 중간에 신설된 사용검사 규정에 따라 2000년에 사용후핵연 료 수송에 사용하기 위해 사용검사를 수행하게 되었다[8].

이는 사용후핵연료 수송용기에 대한 국내에서의 두 번째 검사이지만 발전소 현장에 투입하여 수행한 최초의 사용검사였다. 이 외에도 이 검 사는 다음과 같은 몇 가지 의미를 갖는다. 첫째, 사용검사를 위해 고리 1

호기 저장조에 보관 중이던 4다발의 사용후핵연료를 검사용 핵연료로 사용하기 위해 국제원자력기구(IAEA)에 신고하고, 연구원이 주관하여 한수원과 한전KPS와 협력하여 합동으로 검사를 수행했다는 것이다. 둘째, 이 KSC-4 수송용기를 그림 2-21과 같이 대전의 회덕역에서부터 기장의 좌천역까지 국내 최초로 철도수송을 통해 운반하였다는 것이다. 이는 향후 필요할 것으로 예상되었던 철도수송에 대비해 시험 운반을 할 수 있는 좋은 기회였기 때문이다. 셋째, 중량이 37톤인 KSC-4 수송용기 자중의 50%에 해당하는 18.5톤의 하중블럭과 총중량 55.5톤의 시험하중을 취급할 수 있는 크레인은 고리 원전의 수송용기 취급용 크레인밖에 없었기 때문에 고리 1호기에서 검사를 수행할 수밖에 없었다는 점이다.

본 사용검사가 원전 현장에서 이루어졌기 때문에 원전 운영자인 한수원의 승인과 협조가 필요한 사항이었다. 또한, 원전 내에서 대부분의 작업은 한전KPS가 수행하고 있었기 때문에 80톤 이상의 중량물을 취급하는 수송용기 취급용 크레인과 핵연료 건물의 사용후핵연료 장전조, 제염조 등에서 이루어지는 작업은 모두 한전KPS가 진행하였다. 따라서 연구원에서는 사용검사와 관련된 제반 기술적 사항을 총괄하고, 기술 규제기관인 원자

그림 2-21. KSC-4 수송용기의 철도수송을 위한 상차 및 운반

력안전기술원과 검사절차, 검사신청 방안 등을 협의하고 사용검사 절차서를 작성하여 한수원의 승인을 받아 이 사용검사를 수행하게 되었다.

KSC-4 수송용기에 대한 검사항목은 KSC-1 수송용기 때와 마찬가지로 내외부 외형검사, 주요 기능부위에 대한 비파괴 검사, 인양장치 및 결속장치의 하중검사, 최대 사용압력검사, 누설검사, 열 및 차폐 성능검사 등이다.

KSC-4 수송용기는 자체 중량이 37톤으로 해당 하중을 취급할 수 있는 크레인이 있는 고리 1호기 핵연료 건물에서 그림 2-22, 2-23과 같이 검사를 수행했다. 특히 수송용기 중량의 50%에 해당하는 18.5톤의 하중 블록은 핵연료 건물의 콘크리트 슬랩 도어 4개의 중량과 맞아서 이를 사용하였고, 수송용기 취급용 크레인에 자체 저울(Load Cell)이 달려 있고, 검교정이 되어 있어서 검사를 잘 수행할 수 있었다.

그림 2-22. KSC-4 수송용기 인양장치 하중검사   그림 2-23. KSC-4 수송용기의 압력누설검사

이와 같이 사용검사를 성공적으로 수행할 수 있었던 배경으로는 사전에 관계기관 간의 긴밀한 설명과 토론을 통한 각 기관의 역할에 대한 충분한 사전 인지, 1998년의 최초의 사용검사 경험, 한수원과 한전KPS의 유사 작업에 대한 풍부한 경험, 그리고 기술 규제기관인 원자력안전기술과 발전소 현장 주재원들의 사전검사 입회 등을 통해 자체검사의 신뢰성을 확실하게 했던 점 등을 들 수 있다.

연구원은 2000년 3월 6일「자체점검 결과보고서」를 원자력안전기술원에 제출하고 입회검사를 수검한 후, 2000년 4월 3일『KSC-4 수송용기 사용검사 입회검사 보고서』를 원자력안전기술원에 제출하였고, 2000년 4월 7일 검사합격 통보를 받았다. 이 검사와 관련된 내용은 참고문헌에 자세히 언급되어 있다[8].

5

사용후핵연료 수송용기의 안전성

고준위 방사성물질인 사용후핵연료 수송용기에 대해서는 국내 원자력 안전법과 고시를 비롯한 국제원자력기구의 규정에서 명확하게 안전성 확보에 필요한 기준을 규정하고 있다. 가장 기본이 되는 규정은 국내『원 안위 고시 제2024-13호 방사성물질등의 포장 및 운반에 관한 규정』과 국 제원자력기구의『IAEA Safety Standards No. SSR-6』[11]이며, 미국 원자력 규제위원회(NRC)의『NUREG-2216』[12] 등의 규정도 함께 적용하는데, 이 규정들은 내용이 거의 유사하다.

수송용기는 기본적으로 방사성물질이 누출되지 않고, 밀봉유지를 위한 격납 안전성과 방사선 차폐 안전성은 물론 표 2-2와 같은 설계 요건에 대한 구조적 인전성을 유지할 것을 요구하고 있다. 설계 요건에 있어서 가장 기 본적인 평가 조건은 정상적인 작업 상황에서 발생할 수 있는 상황인 '정상 운반 조건'과 예기치 않게 발생할 수 있는 심각한 사고인 '운반사고 조건'을 설정하여, 이 두 조건 모두에서 안전성을 유지함을 입증해야 하는 것이다.

....

11) 『Regulations for the Safe Transport of Radioactive Material』
12) 『Standard Review Plan for the Transportation Packages for Spent Fuel and Radioactive Material』

수송용기의 가장 보수적인 사고조건은 수송용기가 9m 높이에서 자유낙하하여 충돌하고, 800℃ 화염에 30분간 노출되며, 수심 200m 깊이의 물에 빠지는 사고이다. 이러한 극한적인 상황에서도 안전성을 유지하며 방사성물질의 누출이 발생하지 않는다는 조건을 만족함을 입증해야 사용승인을 받을 수 있다. 그림 2-24는 수송용기 9m 낙하시험 시설을 나타내며, 그림 2-25는 9m 자유낙하 시험과 800℃ 화재시험 장면을 보여 주고 있다.

그림 2-24의 수송용기 자유낙하 시험시설은 수송용기를 자유낙하 높이 9m 이상으로 인양시킬 수 있는 철재 타워와 시험용 운반용기를 순간적으로 내려놓을 수 있는 개폐장치와 함께 바닥은 시험용 대상 운반용기 자중의 약 8배 정도의 하중에 해당하는 단단한 콘크리트 기반 위에 두께가 약 15cm 정도의 강판으로 된 충돌면으로 구성되어 시험용기가 단단한 강체 면(Rigid Wall)에 충돌하는 것을 시험하는 시설이다. 운반용기는 보통 1/3 크기의 축소모델을 사용하여 수직, 수평, 경사, 코너 등 다양한 각도에 대해 낙하시험을 하는데, 그림 2-25의 좌측 사진은 시험용 운반용기의 9m 자유낙하 충돌 직후의 모습을 나타내고 있다. 자유낙하 시험에서는 시험 용기의 주요 부위에 가속도와 응력측정 센서를 부착하여 충돌 시 충격량과 손상 정도를 검사한다. 또한 충격완충체의 효과적인 충격흡수 효과도 분석한다.

그림 2-25의 우측 사진은 시험용 용기의 800℃ 화재사고를 시험하는 모습이다. 시험에는 용기의 단면을 실물 크기와 똑같이 만들고, 길이를 1~1.5m 정도로 하고, 내부에는 사용후핵연료를 모사한 더미히터(Dummy Heater)를 넣어 시험용기 내부가 운반 시의 온도에 이른 상태에서 화

재시험을 실시한다. 시험용기의 상하좌우 방향에 각 단면에는 열전대(Thermocouple)를 심고 30분간 화재 및 화재가 끝난 이후 약 1~2시간 후까지 온도를 측정하고, 시험이 끝난 후 용기의 손상 정도를 검사한다.

수송용기는 특히 설계에 대한 승인 외에도, 제작 중의 입회검사는 물론, 제작 완료 후의 성능검사까지 모두 합격해야만 비로소 사용승인을 받을 수 있다. 게다가 실제 사용후핵연료 수송 시에는 매번 수송 직전 원자력안전기술원의 운반검사를 통해 다시 한번 안전성을 확인하는 절차를 거쳐야만 한다. 따라서 사용후핵연료 수송(운반)에 대한 안전성은 충분히 신뢰해도 된다고 본다.

표 2-2. 운반용기의 안전성 평가를 위한 설계요건

설계 요건	정상운반 조건	운반사고 조건
인양장치	항복강도에 대해 최소 3배의 안전율 유지	장치의 파손이 차폐기능의 손상을 주지 않을 것
결속장치	- 수직방향 2g - 횡방향 5g - 운행방향 10g	장치의 파손이 차폐기능의 손상을 주지 않을 것.
온도조건	-40℃~38℃ 주변온도	800℃ 화염에 30분간 노출
초기 입력조건	최대 정상운전 압력	최대 정상우전 압력
자유낙하	0.3m 낙하	9m 낙하
관통, 파열	직경 3.2cm, 무게 6kg 강철봉의 1m 높이에서 운반용기에 낙하	운반용기가 직경 15cm, 길이 20cm 강철봉에 1m 높이에서 낙하
살수/침수		수심 200m-1hr 침수

그림 2-24. 수송용기 낙하시험 시설

그림 2-25. 수송용기 낙하시험 및 화재시험 장면

제 3 장

사용후핵연료
운반 · 저장

1

세계 각국의 사용후핵연료
운반 · 저장 용기 개발현황

2000년대까지 사용후핵연료를 운반(수송)[13]하는 운반용기는 대부분 운반전용 용기로 개발되었다. 그러나 세계 각국이 저장시설 확보의 어려움과 처분 방식과의 연계 등의 이유로 운반은 물론 저장과 연계되도록 설계하고 있는 추세이다. 또한 운반 전용에서 운반 · 저장 겸용 용기(DPC)[14], 또는 운반 · 저장 및 처분을 함께 고려한 다목적 용기(MPC)[15]를 개발하고 있다[10]. 참고문헌에는 사진들과 함께 각국의 현황이 잘 나와 있다.

운반용기는 용기 내부에 별도의 밀봉된 캐니스터를 갖는 방식과 내부 캐니스터 없이 연료집합체의 장입을 위한 바스켓 구조만을 갖는 바스켓 방식으로 구분된다. 전형적인 운반용기 방식인 바스켓 방식 운반용기는 용기본체, 충격완충체, 바스켓으로 구성된다. 운반용기는 뚜껑을 볼트로 체결하여 개폐가 가능하지만 캐니스터는 대부분 뚜껑을 용접한다. 캐니

---

13) 운반(수송) : 2장에서는 '수송'이란 용어를 썼으나, 2000년대부터 '운반용기'로 표기를 변경함에 따라 3장에서부터는 '운반'으로 표기함. 2장에서 운반이란 용어를 쓸 경우 기존의 자료들과 용어가 바뀌어서 독자들에게 혼동을 줄 수 있어, 참고 자료에 맞는 명칭을 사용했음.
14) 겸용 용기(DPC: Dual Purpose Cask): 운반과 저장 겸용으로 쓸 수 있는 용기
15) 다목적 용기(MPC: Multi-Purpose Cask): 운반, 저장, 처분에 모두 쓸 수 있는 용기

스터를 사용하는 이유는 주로 저장이나 처분 시스템과 연계하여, 사용후핵연료를 내부 캐니스터에 담고 운반용기를 운반 전용으로 이용하면서 저장용기나 저장시설에 캐니스터를 그대로 옮겨서 저장하는 방식을 채택할 때 사용한다. 세계 각국의 운반·저장 시스템은 다양하나 여기서는 표 3-1과 같이 PWR 사용후핵연료 20다발 이상을 운반할 수 있는 대용량의 용기에 대해서만 제시하였다.

표 3-1. 세계 각국의 사용후핵연료 운반·저장 용기 현황

모델명	업체명	운반용량 (다발)	최대연소도 (MWD/MTU)	총중량 (M/T)	용기방식
HI-STAR 100	HOLTEC	24PWR 32PWR	37,000 N/A	126	캐니스터식 (운반저장)
NAC-UMS (Universal Transport Cask)	NAC	24PWR 56BWR	45,000	119(수송) 156(저장)	캐니스터식 (운반전용)
TS-125	BNFL	21PWR 64BWR	60,000 40,000	126	〃
NUHOMS MP187	TN	13PWR 24PWR 24PWR	40,000 40,000 45,000	123	〃
NUHOMS MP197	TN	61BWR	40,000	121	
NAC-STC	NAC	24PWR 26PWR 36PWR	43,000 43,000 36,000	115	바스켓식 (운반저장 겸용)
CASTOR V/21	GNS	21 PWR	35,000	106	〃
CASTOR V/21A	GNS	24 PWR	60,000	108	〃
CONSTOR X/32	GNS	32 PWR	40,000	111	〃
CONSTOR X/69	GNS	69 BWR	40,000	108	〃
CONSTOR V/32	GNS	32 PWR	60,000	113	〃
MSF-24P	Mitsubishi	24 PWR	48,000	108	〃
NACI26 S/T	NAC	26 PWR	35,000	91	〃
NACI28 S/T	NAC	28 PWR	35,000	93	〃
NEO 2521/2561	OCL/ NFT	21 PWR 61 BWR	55,000	109	〃
TN-REG	TN	40 PWR	15,000	106	〃
TN-BRP	TN	85 BWR	25,000	101	〃
TN-68	TN	68 BWR	40,000	104	〃

2

국내 사용후핵연료 운반용기 개발 현황

국내에서는 1980년대 중반에서 PWR 사용후핵연료 1다발을 수송할 수 있는 KSC-1 수송용기 개발 이래, 1990년대 초 사용후핵연료 4다발을 운반할 수 있는 KSC-4 수송용기를 개발하여 고리 1호기에서 소내 수송을 본격적으로 수행하며, 사용후핵연료 수송 시스템을 국산화하였다.

원자력연구원의 사용후핵연료 및 방사성폐기물과 관련된 업무는 「방사성폐기물관리본부」에서 1991년 9월 11일 명칭이 「원자력환경관리센터」로 변경되어 수행 중이었다. 그런데 1997년 국가적 외환 위기인 IMF 위기를 거치면서, 원자력연구원의 핵주기 분야의 업무 중 사용후핵연료나 중저준위 방사성폐기물과 관련된 사업기능을 한수원으로 이관하게 되어 사업관리를 맡았던 직원들이 한수원으로 소속을 옮기게 되었고, 원자력연구원에서는 「사용후핵연료기술개발단」 조직을 만들어 후행핵주기 분야의 연구개발을 맡게 되며, 운반용기와 관련된 업무를 한수원과 연구원이 함께 협조하며 추진하는 구조를 갖게 되었다.

이러한 국내 수송 관련 기술의 개발에도 불구하고 한수원에서는 기술개발

인력이 없는 상태였기에 1999년부터 2001년까지 WH[16] 타입의 사용후핵연료 12다발을 운반할 수 있는 중형 운반용기인 KN-12 운반용기를 두산에너빌리티와 독일 GNS[17]에 의뢰, 개발하여 현재 고리, 한울, 한빛 원전의 호기 간 소내 운반으로 활용하고 있다. 이 용기의 개발 당시 연구원에서는 자유낙하 시험과 화재시험 등의 안전성 시험 업무를 함께 수행하여 연구개발을 도왔다.

2006년부터 2008년까지 CE[18] 타입의 사용후핵연료를 운반하기 위해 KN-18 운반용기도 한수원이 국내 코네스(KONES)사[19]에 의뢰하여 설계·개발하여 사용하다가 폐기하고 2025년에 신규로 4개의 운반용기를 세아베스틸에서 제작·공급하여 한울·한빛 본부에서 사용하고 있다. 최근 원자력환경공단(KORAD)은 21다발의 WH와 CE 타입의 사용후핵연료를 운반할 수 있는 KORAD-21 운반·저장 겸용 용기를 개발하여 운반 분야 인허가를 획득했다[9].

운반·저장 겸용 용기의 운전 및 유지보수에 관해서는 IAEA에서 2007년에 발간한 지침서(TECDOC)가 있기에 설계와 안전성 평가에는 문제가 없지만, 저장 부분에 대한 규제 체제가 제대로 안 되어 있어서 인허가가 제대로 추진되지 못한 상태이다[10].

한편, 한수원은 중수로인 CANDU 사용후핵연료 120다발을 운반할 수 있는 HI-STAR63 운반용기를 코네스사가 기본설계를 담당하고, 미

---

16) WH: WestingHouse, 1999년 구 웨스팅하우스가 해체되고, 원자력 부문만 분리되어 현재의 웨스팅하우스 일렉트릭 컴퍼니가 됨.
17) GNS: Gesellschaft fur Nuklear_Service mbH, 독일의 원자력 기업
18) CE: 미국 콤버스천 엔지니어링사(Combustion Engineering), 과거 미국의 다국적 엔지니어링 기업으로 원자력 증기공급시스템을 개발·제조함
19) 코네스(KONES): 국내 원자력 및 신재생에너지 엔지니어링 전문 기업

국 홀텍사가 상세설계를 맡아 개발하고, 월성원전에서 소내 운반에 활용하고 있다. 표 3-2는 국내 사용후핵연료 운반시스템 개발현황을 나타내고 있다. 그림 3-1은 국내 세아베스틸에서 제작한 한수원의 KN-18 운반용기이며, 그림 3-2는 원자력환경공단에서 개발한 전형적인 운반·저장 겸용 용기와 콘크리트로 된 저장용기의 구조를 보여 주고 있다[9]. 이 KORAD-21 운반·저장 겸용 용기는 수송용기에 대한 기술기준은 물론 운반에 대한 제반 안전요건에 맞도록 설계하고 모델용기를 제작하여 안전성 평가를 수행했지만, 당시 국내에는 저장용기 관련 안전성 평가 등의 규제 기준이 없던 상태였기 때문에 저장 분야의 인허가를 진행할 수가 없었다. KORAD-21C 콘크리트 저장용기 또한 KORAD-21 겸용 용기에 대한 규제기준의 미비로 더 이상 진행하지 못한 상태이다. 아무리 안전성을 검증했다고 해도 이를 평가하고 허가를 내줄 규제 체계가 없으면 아무 소용이 없다는 것을 보여 주는 사례이다.

표 3-2. 국내 사용후핵연료 운반시스템 개발현황

구분	KSC-1	KSC-4	KN-12	KN-18	KORAD-21
개발기관	KAERI	KAERI	한수원	한수원	환경공단
운반용량	1다발	4다발	12다발	18다발	21다발
총중량	28톤	37톤	84톤	127톤	120톤
연료형태	WH형	WH형	WH형	CE형	WH 및 CE형
최대연소도 (MWD/MTU)	45,000	38,000	50,000	55,000/7년 60,000/9년	45,000
최대농축도 (%wt)	3.5	3.2	5.0	5.0	4.5
냉각기간	1년	3년	7년	7년/9년	10년
비 고	·원전-KAERI 운반	·고리 소내 운반	·소내 운반 ·사용 중	·소내 운반 ·사용 중	·소내외 운반 예정

그림 3-1. 한수원의 KN-18 사용후핵연료 운반용기(세아베스틸 제공)

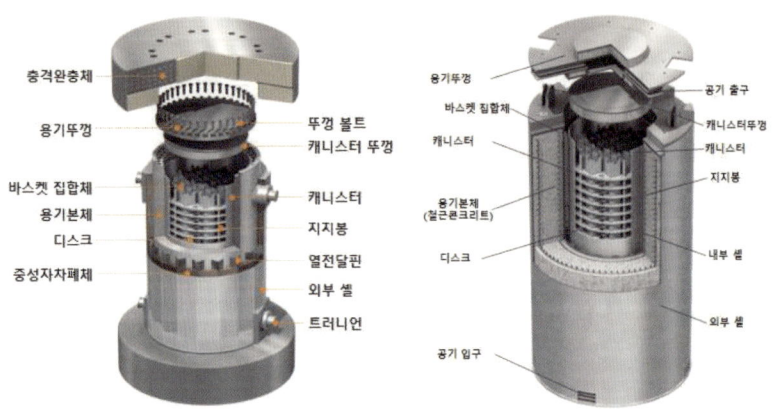

〈KORAD-21:운반 · 저장 겸용 용기〉〈KORAD-21C 콘크리트 저장용기〉
그림 3-2. 원자력환경공단의 사용후핵연료 운반 · 저장 용기
(원자력환경공단 제공, SF장기저장 기술교류회 워크숍)

3

사용후핵연료 저장시스템

사용후핵연료 저장 방식은 습식과 건식 두 가지로 나뉜다. 습식저장(Wet Storage)은 사용후핵연료를 습식저장시설 수조에 넣어 보관하는 방식으로 물을 냉각재로 이용하여 사용후핵연료에서 나오는 높은 열과 방사능을 낮추는 방식으로 원자력발전소의 핵연료 건물의 사용후핵연료 저장조(Spent Fuel Pool)가 습식저장 방식의 대표적인 예이다. 이런 저장조의 저장용량은 한계가 있으므로 중앙집중식의 습식저장시설을 운영하고 있는 나라는 주로 재처리를 채택하고 있는 영국, 프랑스, 일본 등이며, 재처리를 하지 않는 스웨덴도 CLAB이라는 중앙집중식 사용후핵연료 습식 중간저장시설을 운영하고 있다.

건식저장(Dry Storage)은 금속 또는 콘크리트로 만들어진 용기 또는 건물형 구조물에 사용후핵연료를 넣어 보관하는 방식으로 헬륨, 질소 등의 불활성 기체나 공기로 냉각하는 방식으로 매우 다양한 형태를 갖는다[11].

표 3-3은 사용후핵연료 습식저장과 건식저장 방식의 장단점을 비교한 것인데 두 방식 모두 풍부한 운전 경험을 갖고 있으며, 습식저장은 원전의 핵연료 건물에서 사용후핵연료를 보관하는 사용후핵연료 저장조와 같은 방식으로 중앙집중식 시설에 적합하며, 짧은 냉각기간의 사용후핵연료의 저장

이 가능하다. 이런 장점 때문에 재처리를 채택하는 나라들은 재처리 시설에 습식 저장조를 함께 운영하는 것이다. 다만 운영 중 2차 폐기물이 계속 발생하는 문제점과 유틸리티[20]의 소요량이 많이 필요하다는 점이 단점이다.

건식저장은 다양한 형태와 방법이 있는데 금속 용기에서부터 콘크리트 용기를 비롯하여 수직형 또는 수평형 모듈 방식과 모듈형 볼트(Vault) 방식 등 다양한 형태로 설계할 수 있으며, 자연냉각 방식을 채택하여 운영폐기물이 거의 없으며, 확장성이 우수하고, 운영비가 저렴한 점이 장점이다. 다만 자연냉각 방식을 채택하기 때문에 일반적으로 최소 냉각기간이 5년 이상인 사용후핵연료부터 저장이 가능하게 설계하며, 습식보다 시설 소요면적이 큰 것이 단점이다. 표 3-4는 다양한 건식저장 방식별 특징을 나타내고 있는데, 가장 간단한 방법은 운반·저장 겸용 금속 용기를 이용한 방법이나 이는 겸용 용기의 제작비용이 비싼 단점이 있다. 그러나 단기간 저장한 후 옮길 경우에는 가장 좋은 해법이 될 수 있다. 콘크리트 볼트 방식은 가격이 저렴하고, 구조적으로 안정된 콘크리트를 차폐재로 쓰는 면이 장점이라 할 수 있다.

수평형 모듈(Module) 방식은 콘크리트 차폐 구조물에 캐니스터를 넣어 저장하는 방식으로 비용이 저렴하고, 용량 확장 면에서 우수하다. 콘크리트 용기 방식은 월성의 사일로와 같은 방식인데 비용이 저렴한 반면, 부지면적을 넓게 차지하는 단점이 있다. 드라이웰(Dry Well) 방식은 사용후핵연료를 담은 캐니스터를 지하의 모듈에 저장하는 방식으로 일종의 수평형 모듈을 수직으로 세운 형식으로 생각하면 된다. 이것은 지하로의 깊이에 따라 차폐 성능이 가장 우수하다고 판단된다.

....

20) 냉각수 순환시설과 오염 물질을 걸러주는 필터링 장치 등을 말함.

표 3-3. 습식저장 방식과 건식저장 방식의 장단점 비교

구분	장점	단점

습식	· 국내외 건설/운전 경험 풍부
	  - 국내에도 실증된 기술
	  - 인허가 용이
	· 중앙집중식 시설에 적합
	· 핵물질 안전조치 용이
	· 작은 저장조 소요부지 면적
	· 다양한 핵연료 취급 용이
	  - 냉각기간 짧아도 수납가능
		· 운영 중 2차 폐기물 다량 발생
		· 수납 종료 후에도 시설운전 필요
		  - 시설의 신뢰도 낮음
		  - 기기장치 유지보수 필요
		· 유틸리티 소요량 과다
		  - 고가의 운영비
		  - 부지 선정의 제한

건식	· 다양한 저장방식
	  - 금속/콘크리트 용기, 수평/수직
	    모듈, 모듈형 볼트(vault), dry well
	  - 소내 저장/중간저장에 다양하게
	    적용
	· 국내외 건설/운전 경험 풍부
	  - 해외 실증된 기술
	· 확장성 우수, 자연 냉각
	· 운영폐기물이 거의 없고 운영비 저렴
		· 저장방식 별 비용차이 큼
		· 초기 장전 핵연료 냉각기간 5년 이상
		  필요
		  - 자연냉각 방식의 한계
		· 소요면적이 습식에 비해 상대적으로 큼
		· 핵물질 안전조치장치는 설계부터 반영
		· 국내 중수로 건식저장은 경험이 있으나
		  경수로 건식저장은 인허가 경험 없음

표 3-4. 건식저장의 방식별 특징

Metal Cask	· 사용후핵연료를 금속용기에 담아 저장 · 고비용, 용량확장 용이, 구조적 건전성확보, 운영상의 유연성 우수
Concrete Vault	· 방사선 차폐체 역할인 외부 콘크리트 건물 내부에 위치한 금속 튜브에 사용후핵연료를 장입, 밀봉한 후 공기, 질소, 헬륨 기체를 충전하여 저장
Horizontal Module	· 콘크리트 구조물에 사용후핵연료를 포장하는 캐니스터를 장입하여 저장 · 가장 저렴한 비용, 용량확장 봉이
Concrete Cask	· 사용후핵연료를 콘크리트 용기에 담아 저장 · 저렴한 비용, 용량확장 용이, 근거리 운반 가능
Dry Well	· 사용후핵연료를 담은 금속저장 캐니스터를 지하의 모듈에 저장 · 지하 매립 깊이에 따라 피폭선량 변함, 깊이가 깊어질수록 차폐능력 우수

건식저장은 다양한 형태의 시스템이 있지만, 여기서는 국내 저장시스템을 우선 소개하고 몇 가지 외국의 저장 시스템을 소개한다. 국내에는 건식저장 시설로 월성원전에 콘크리트 사일로(Silo)와 맥스터(Macstor) 시설이 운영 중이다.

그림 3-3은 월성원전의 사일로(Silo)와 맥스터(Macstor) 저장시스템의 전경을 나타내고 있으며, 그림 3-4는 콘크리트 사일로(Silo) 건식저장 시스템을 보여주고 있다. 그림 3-5는 사일로 시스템의 상세 개념도를 나타내고 있다. 콘크리트 사일로 방식은 사용후핵연료를 원통형 저장 바스켓에 담고, 이 바스켓을 약 6m 높이의 콘크리트 사일로에 9단까지 적재한 후 상부를 콘크리트 플러그로 막는다. 1991년부터 1992년까지 1차 60기가 건설되었으며, 2006년 11월의 4차 100기 설치까지, 전체 300기이며 총 162,000다발을 저장할 수 있다.

그림 3-3. 월성의 사일로(Silo)와 맥스터(Macstor) 건식저장 시스템 전경(한수원 제공)

그림 3-4. 월성의 콘크리트 사일로(Silo) 건식저장 시스템(한수원 제공)

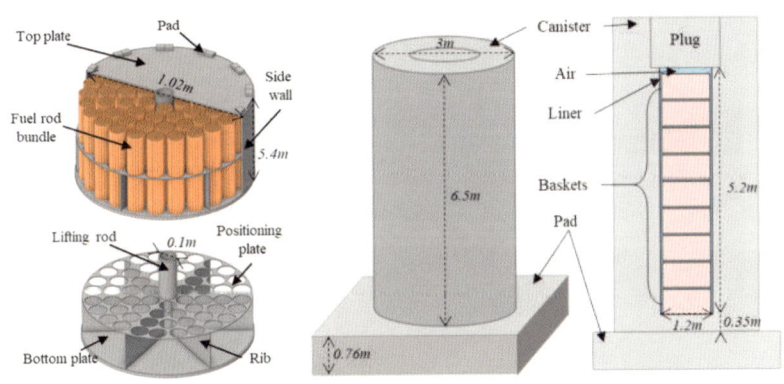

그림 3-5. 콘크리트 사일로 내부 바스켓 및 사일로 구성도(한수원 제공)

그림 3-6은 월성원전의 맥스터 저장시스템이며, 그림 3-7은 맥스터 저장시스템의 냉각방식에서 공기의 유입과 유출 경로를 나타내고 있다. 맥스터는 직육면체 콘크리트 내부에 탄소강 실린더가 40개가 있고, 1개 실린더당 그림 3-5 좌측의 바스켓이 10단씩 총 40개가 들어가며, 14개의 모듈이 설치되어 있다. 따라서 총 14개의 모듈에 저장용량은 336,000다발이다.

맥스터 시스템은 사일로 방식과는 기본적으로 원통형 스틸 라이너 내부에 저장 바스켓을 담는 것은 똑같지만, 맥스터는 자연대류 냉각방식이 매우 우수하고, 전체 시스템이 모듈화되어 차폐 효율이 좋고 구조적 안전성이 우수하다. 이와 같은 1991년 최초의 건식저장 시스템인 사일로가 가동된 이래, 맥스터까지 월성 원전의 부지 내 저장시스템은 아무런 문제 없이 저장시스템으로서의 역할을 잘 수행하고 있으며, 저장시스템의 안전성과 건전성이 입증되었다고 할 수 있다.

그림 3-6. 월성의 맥스터(Macstor) 건식저장 시스템(한수원 제공)

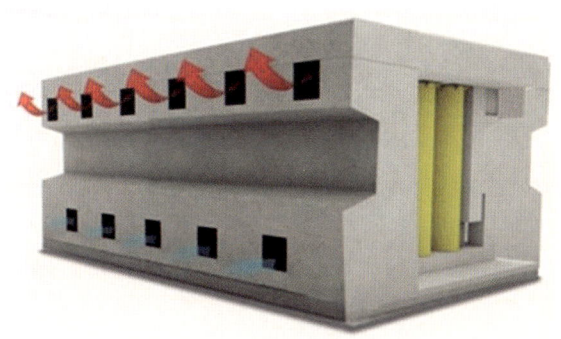

그림 3-7. 맥스터(Macstor) 건식저장 시스템의 자연냉각 방식
(한수원 제공)

캐니스터는 운반용기와는 달리 대부분 방사성물질이 외부로 누출되지 않게 밀폐되도록 뚜껑을 용접하며, 방사선 차폐 기능을 필요로 하지 않는 경우가 많으며, 방사선 차폐는 추가의 이송용기(Transfer Cask)의 차폐를 이용한다.

그림 3-8은 한수원이 개발 중인 원전 부지 내 경수로 사용후핵연료 건식 저장시스템의 개념도를 나타내고 있다[12,13]. 이 시스템은 건식저장 모듈(COSMOS)로 불리며, 이미 월성 원전에서 비슷한 방식의 건식저장 시스템으로서의 성능이 입증된 상태이다.

두산에너빌리티에서는 MAGNASTOR_K라는 건식저장시스템을 개발하여 미국 NRC의 설계승인을 완료한 상태이며, 그림 3-9와 같이 이 시스템은 내부에 사용후핵연료를 담는 바스켓과 이송용기(Transfer Cask)를 이용하여, 콘크리트 저장용기나 금속 저장용기에 담아 저장하거나, 운반용기를 이용하여 다른 곳으로 수송할 수 있는 일종의 다목적 용기이다 [14]. 이러한 시스템이 갖는 장점은 일정한 공간을 갖는 시설 내부나 외부에 저장하기 쉽고, 부지 외 운반까지 가능하다는 것이다.

그림 3-10은 수평형 모듈 방식인 ORANO[21]사의 NUHOMS[22] 건식저장 시스템을 나타내고 있다. 이 방식의 특징은 그림 3-11과 같이 사용후핵연료를 담은 캐니스터를 이송용기(Transfer Cask)를 이용하여 수평형 모듈에 저장하거나, 운반용기(Transport Cask)에 담아 외부로 운반할 수도 있고, 최종 처분장에 처분까지 할 수 있는 다목적 시스템의 예라고 할 수 있다[15,16].

이와 같이 사용후핵연료 운반·저장시스템은 이미 세계 각국이 다양한 형태의 시스템을 운영 중이며 충분히 검증된 기술임을 알 수 있다[10,11,18]. 표 3-5는 건식 저장방식의 종류별 장단점을 나타내고 있으며, 표 3-6은 건식 저장방식의 종류별 주요 사양을 나타내고 있다.

....

21) ORANO: 프랑스에 본사를 둔 다국적 원자력 기업으로, 핵연료 주기의 모든 단계를 아우르는 제품과 서비스를 제공. (구)AREVA

22) NUHOMS: ORANO TN에서 개발한 사용후핵연료 건식저장기술로 미국과 유럽 등지에서 널리 활용 중

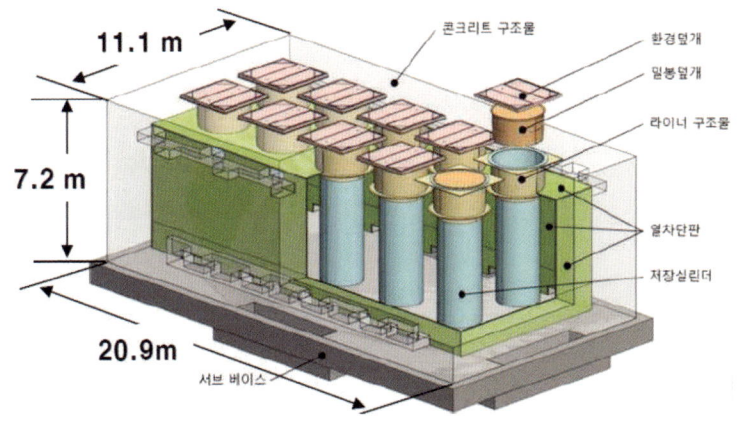

그림 3-8. 한수원의 원전 부지 내 사용후핵연료 저장시스템 개념도
(한수원 제공, 2025 SF장기저장 기술교류 Workshop)

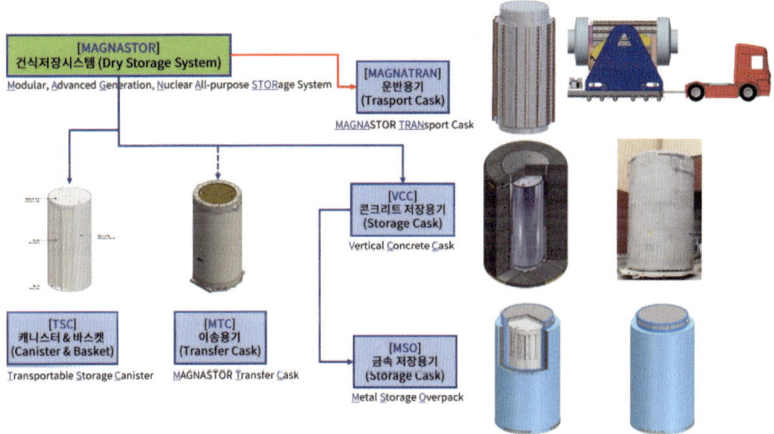

그림 3-9. 두산에너빌리티의 사용후핵연료 건식저장 시스템
(두산에너빌리티 제공)

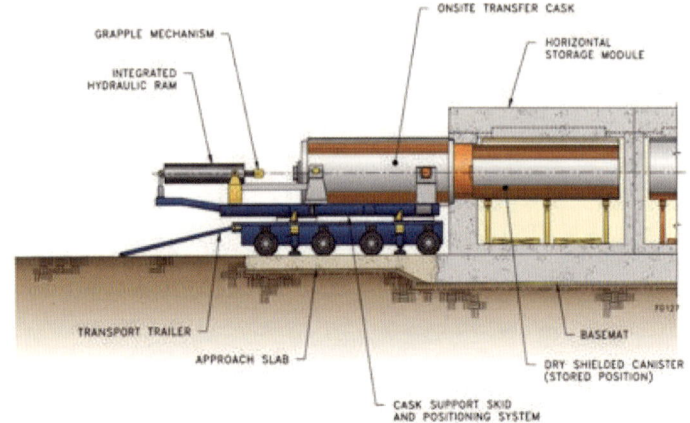

그림 3-10. NUHOMS 시스템의 주요 구성

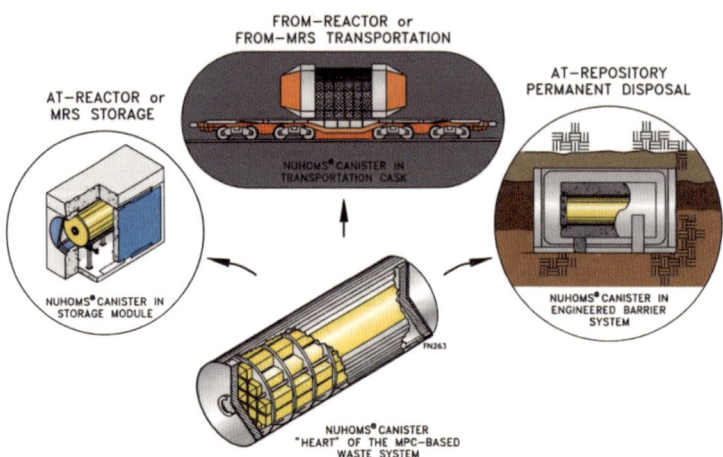

그림 3-11. NUHOMS 방식의 활용성(수송-저장-처분)

※ NUHOMS Dry Spent Fuel Management System Guide 인용[15]

표 3-5. 건식 저장방식의 종류별 장단점

구분	장점	단점
금속 용기	· 운반 · 저장 겸용 가능, 실증된 기술 · 이송용기 불필요, 소내 저장용량 확장에 적합 · 피동적 냉각방식 · 운영 폐기물 발생 거의 없음 · 콘크리트 용기 대비 안전성이 상대적 유리	· 고가의 용기 제작비용 · 사용후핵연료 피복관 온도가 습식 대비 상대적으로 높음 · 부지면적이 협소한 경우 운반 · 저장 겸용용기는 별도 차폐 건물 필요 · 장기저장 시 응력부식균열 문제
볼트	· 매우 낮은 방사선 피폭선량률 · 재포장이 가능해 처분 연계 유연성 · 저장용량 확장 가능, 대용량에 경제성 있음 · 피동적 냉각방식	· 경수로 사용후핵연료 저장 경험 부족 · 이송용기 필요
수평 모듈	· 소내 저장용량 확장용으로 실용화됨 · 용량 확장성이 아주 좋음 · 피동적 냉각방식 · 운영 폐기물 발생 거의 없음 · 경제성 좋음	· 저장밀도가 낮음 · 사용후핵연료 피복관 온도가 습식 대비 상대적으로 높음 · 콘크리트의 장기 건전성 문제
콘크 리트 용기	· 용량 확장성이 아주 좋음 · 용기 가격이 저렴 · 운영 폐기물 발생 거의 없음	· 콘크리트 열전도도가 매우 낮음 · 콘크리트의 장기 건전성 문제 · 콘크리트 내벽 온도제한이 관건
Dry Well	· 외부 차폐/구조 용기가 없으므로 경제성 우수 · 자연재해/항공기 충돌사고에 안전 · 운영 폐기물 발생 거의 없음	· 지하 냉각유로의 낮은 냉각효율 · 항공기 충돌후 유류 화재사고에 취약 · 침수에 대한 용기 건전성 필요

표 3-6. 건식저장방식 종류별 주요 사양

항목	Metal Cask	Vault	Horizontal Module	Concrete Cask	Dry Well
모델 (제조사)	HI-STAR (Holtec)	MVDS	NUHOMS* (Orano)	HI-STORM 100(Holtec)	UMAX (Holtec)
설계수명	40년	최소 20년	40년	40년	60년
저장연료	PWR, BWR	Metal fuel, PWR	PWR, BWR	PWR, BWR, RW	PWR, BWR
저장용량 (Canister)	24~32	83	24	24~32	37
구성품	· MPC* · 오버팩	· 연료취급 장비 · 차폐저장 튜브	· 차폐모듈 · 캐니스터 · 이송용기 · 유압장비	· MPC* · 오버팩 · 이송용기	· MPC* · 밀봉용기 · 이송용기
저장방식 (형태)	운반/저장 겸용(수직)	저장전용 (수직)	저장전용 (수평)	저장전용 (수직)	저장전용 (수직)
연소도 (MWD/ MTU)	40,000 (MPC-24) 40,000 (MPC-32)	33,000 ~40,000	40,000	42,500 (MPC-24) 40,000 (MPC-32)	35,000 ~55,000
냉각기간	5년 (MPC-24) 8년 (MPC-32)	5년	5년	5년 (MPC-24) 6년 (MPC-32)	3~18년

※ NUHOMS 방식은 캐니스터를 저장은 물론 처분에도 활용 가능

4

사용후핵연료 저장시스템
핵심 소재의 국산화

사용후핵연료 저장방식은 습식과 건식 두 가지 모두 이미 충분히 검증된 기술이며, 건식방식도 여러 가지 형태로 저장시스템을 만들 수 있다. 그러나 안타깝게도 사용후핵연료 운반용기를 비롯해서 저장시스템 모두 충분히 검증된 기술임에도 불구하고 핵심 소재인 사용후핵연료 저장 바스켓 소재인 중성자 흡수재는 전량을 수입에 의존하고 있다.

사용후핵연료 저장조, 운반·저장 용기, 저장시스템의 연료 바스켓을 두산에너빌리티는 공급사인 미국 Holtec의 METAMIC, 3M사의 Boral, 일본 니케이킨사의 MAXUS 등을 수입하여 사용하고 있다. 국내에 운반·저장 용기를 제작하는 세계 최고 수준의 두산에너빌리티나 세아베스틸 등이 있음에도 불구하고 핵심 소재는 수입에 의존한다는 게 안타까운 현실이다. 세계의 중성자 흡수재 관련 세계 시장의 규모는 약 5조 원, 국내 시장의 규모는 약 2천억 원으로 추산되고 있다. 이러한 시장 규모에도 불구하고 핵심 소재를 확보하고 있지 못한 상황이다.

다행히 최근 연구원에서는 이러한 핵심 소재를 개발하고 있다. 임계제어 성능과 구조 성능을 겸비한 중성자흡수 구조재(KONAS) 합금 조성 및 제조공정 원천기술을 확보하고, 현장 적용을 위한 원소재 제조에 성공하고,

다수의 특허를 출원하여 조기 상용화를 준비하고 있다. 이 소재는 운반·저장 용기 내부의 핵심 소재로서 이 소재가 있어야 운반·저장 용기의 완전한 자체 제작이 가능한 것이다. 공식 사용을 위한 인증 절차를 조속히 마치고 상용화하면, 국내 원자력 산업의 경쟁력이 훨씬 높아질 것으로 예상한다.

핵심 소재의 국산화와 관련해 주목할 만한 점은 2011년~2014년 원자력환경공단이 주관하고, 연구원과 코네스가 참여하는 「사용후핵연료 수송저장 시스템 상용화 기술개발」 프로젝트에서 중소기업인 ㈜동원엔텍이 참여한 기술개발에서 기존 중성자 차폐재인 Bisco사의 NS-4-FR의 대체제인 RNS-NR을 개발하여 핵심 특허 3개를 등록한 것이다. ㈜동원엔텍은 이 소재를 금속 운반용기의 중성자 차폐재로 공급하기 위해 연구원과 특허 기술실시계약을 통해 기술을 이전받아 양산하고, 규제기관의 승인을 준비 중이다.

연구원과 기업 콘소시엄은 RNS-NR에 대한 구조 및 열 시험을 하였고, 방사선 안정성에 대해선 기존에 완료한 결과를 적용하였다. 또한 RNS-NR을 적용한 수송용기 모델에 대한 화재시험과 낙하시험도 이루어졌다. 이 소재 적용의 가장 큰 난관은 건식 저장용기 중성자 차폐재로서의 장기 내구성의 입증인데, 각종 시험과 평가를 통해 미국 NRC의 중성자 차폐재 요구사항을 만족하였고, 원자력환경공단의 KORAD-21 용기 모델을 기반으로 한 실험에서도 소재의 적합성이 확인되었다.

비록 특허도 등록하고 많은 시험을 거쳐 건전성을 입증했어도 아직 이러한 핵심 소재가 국산화되지 못하고 수입 소재를 쓰고 있는 상황이다. 이것은 그만큼 인허가에 어려움을 겪고 싶지 않은 원자력 분야 산업계의 현주소를 반영하고 있다고 생각된다.

5

사용후핵연료 운반 · 저장의 이슈 및 고려사항

원자력계의 가장 시급한 현안은 부록1의 원전 호기별 사용후핵연료 저장 현황에서 보듯이 2032년 포화가 예정된 고리 원전, 2030년의 한빛 원전, 2031년의 한울 원전의 임박한 사용후핵연료 저장시설에 대한 포화 문제의 해결이다. 사용후핵연료를 저장할 시설이 포화되면 원전의 가동은 중지된다.

사용후핵연료의 중장기적인 처리 · 처분 방안과 처분 부지의 확보와 같은 문제에 앞서 포화가 임박한 원전의 사용후핵연료에 대해 추가 저장용량을 확보하여 시급한 문제를 해결하여야 한다. 현재 많은 논의가 진행되고 있는 사용후핵연료의 안전하고 효율적인 관리 방안의 도출에 있어서 가장 중요하게 생각해야 할 사항은 추가 저장시설 확보의 시급성과 가동 중인 원전의 정상적인 가동을 지원하는 것이다.

사용후핵연료 저장 방식으로 습식과 건식의 두 가지 방식은 모두 충분히 검증된 기술이라고 할 수 있다. 습식 방식은 이미 모든 원전의 사용후핵연료 저장조에 사용되고 있으며, 건식 방식은 해외에서 많이 활용되는 기술이며 월성 원전에서 이미 건전성이 입증되었다. 사용후핵연료 저장용량을 확충하기 위하여 두 가지 방식 모두를 고려할 수 있지만, 습식 방식은 중앙집중식 중간저장시설에 유리하여 여기서 별도로 언급하지 않았다. 건식저장 방식으로 여러 가지가 있으며 각 방식의 장단점은 절대적이지 않고 기술적-인문·사회적-정책적 환경에 따라 서로 바뀔 수 있다. 따라서 우리의 상황과 여건을 고려하여 가장 적합하고, 효율적인 방안을 선정하는 게 바람직하다.

원전의 사용후핵연료 저장조의 저장용량이 포화됨에 따라 추가의 사용후핵연료 저장시설은 비록 임시저장이라 할지라도 단순한 저장 문제 하나로 생각할 것이 아니라, 이후 예상되는 최적의 처분 방식이 무엇인지를 함께 고민하여 저장 방식을 선택해야만 한다. 비록 처분 방식이나 시기가 확정되어 있지는 않은 상태이지만 추가 저장용량 확보를 위한 저장시설의 저장 방식에 있어서 단순한 저장 자체만 고려할 게 아니다. 향후 가능한 처분 방안과의 연계성을 어떻게 가져가는 게 좋을지 함께 고려하여 최적의 해법을 찾는 것은 매우 중요하다.

또한, 처분 분야에서 다시 언급하겠지만, 처분도 처분 자체만을 볼 게 아니다. 가장 우선적인 것은 저장기간의 정도에 따라서 처분에서의 열적, 방사선적 부하가 달라지므로 처분 부지 암반에 가해지는 열적-기계적-수리학적 하중이 달라진다. 따라서 저장 기간을 얼마로 설정할지에 대해 결정하는 과정이 필요하다.

현재로선 원전 부지 내 저장시설 확보가 가장 현실적으로 당면한 문제라고 판단된다. 비록 완벽하게 안전하도록 설계하겠지만, 원자력은 항상 고장이나 손상의 경우를 대비해야만 한다. 원전의 사용후핵연료 저장조에서 외부로 나간 사용후핵연료는 다시 반입하기 어려운 구조이다. 혹시라도 저장시스템에 고장이 발생할 경우 사용후핵연료를 임시 보관하고 저장시스템을 점검하고, 보수할 수 있도록 하는 유지보수용 사용후핵연료 핫셀(Hot Cell)의 확보와 보수 시스템의 대비도 중요하다.

현재 사용후핵연료 관리와 관련하여 가장 큰 구조적인 문제는 부지 내 저장을 담당하는 기관과 처분을 담당하는 기관들이 각자 자신의 분야 문제에만 집중하여 일을 하다 보니 저장과 처분 간에 유기적인 협력과 국가적인 조정이나 구체적인 협의체가 부족하다. 예를 들어 원전 부지 내 건식 저장시설에서 저장 용기의 인허가 기간이 50년이 될 수 있다는 것을 감안하면 중간저장시설로 빈 용기를 이동하여 재사용한다 해도 안전상 문제가 전혀 없을 수 있다. 저장 및 처분 등의 관계기관들이 이 문제를 함께 고민한다면 국민의 세금을 더 줄일 수 있는 현명한 해법을 찾을 수 있을 것이다.

현재 우리나라는 학회 워크숍이나 별도의 워크숍 등을 통해 기관별 업무에 대해서는 정보를 공유하는 수준이지만, 공식적인 업무 협력 체계가 미흡한 상태이기에 협업 체계 구축이 매우 중요하다고 판단된다. 다행히 고준위 방사성폐기물 관리에 관한 특별법이 공포되었으며, 특별법에 따라 9명으로 구성된『고준위 방사성폐기물 관리위원회』가 구성되면 이런 사항들이 본격적으로 논의되고, 정리될 것으로 기대한다.

제 4 장

사용후핵연료 처리 재활용
기술(파이로) 현황

1

사용후핵연료 처리기술-건식
재활용(파이로) 기술 개요

우리나라는 현재 사용후핵연료 처리기술로 전기화학적 방법을 이용한 건식 재활용 기술인 파이로프로세싱(pyroprocessing, 이하 '파이로'라 칭함)을 개발하고 있다. 파이로는 500~650℃의 고온 용융염 매질(LiCl-KCl 등) 내에서 사용후핵연료에 포함된 다양한 핵물질을 전기화학적 방법을 이용하여 특성별로 분리·회수하는 기술이다[19~22].

파이로의 대상물인 사용후핵연료를 간단히 살펴보면 다음과 같다. 천연 우라늄에는 핵분열을 일으킬 수 있는 U-235가 0.7%에 불과하고, U-238이 99.3%를 차지하고 있다. 이 천연 우라늄을 농축하면 U-235의 비율이 높아진다. 현재 우리나라에서 상용으로 사용되고 있는 가압경수로 핵연료는 통상 U-235의 농축도가 약 4.5%(U-238 95.5%) 수준이다. 핵연료를 원자로에서 연료로 사용하면 핵분열이 일어나며, 이때 나온 열을 사용하여 전력을 생산하게 된다. 원자력 발전의 연료로 사용(핵분열)되고 난 후 인출된 사용후핵연료는 높은 방사선과 열을 방출하며, 사용후핵연료에는 여전히 약 93%를 차지하는 우라늄(U-235 및 U-238) 외에도 플루토늄(Pu)을 비롯한 초우라늄 원소(TRU)[23]와 고방열/단반감기 핵종, 장반감기 핵종이 포함되어 있다.

고방열/단반감기 핵종은 방사성 붕괴 과정에서 단기간에 높은 열을 방출하는 핵종으로 사용후핵연료의 초기 열 발생률을 결정짓는 주요 인자이다. 대표적인 예로는 스트론튬(Sr), 세슘(Cs) 등이 있으며, 이들 핵종은 반감기가 약 30년이라 수백 년 이내에 대부분 소멸되지만, 그 기간 동안 폐기물 관리 및 저장 시스템의 열 설계에 큰 영향을 미친다. 장반감기 핵종은 반감기가 수천 년에서 10만 년 이상까지 이르는 방사성 핵종으로, 사용후핵연료 및 고준위 방사성 폐기물의 장기 방사선 독성과 처분 안전성에 중대한 영향을 미친다. 대표적인 예로는 넵투늄(Np), 플루토늄(Pu), 요오드(I), 테크네슘(Tc), 라돈(Ra) 등이 있으며, 이들은 지하 처분 시스템의 장기 안정성 평가 및 차폐 설계의 핵심 고려 대상이다. 파이로 기술은 이러한 사용후핵연료의 특성을 이용하여 고온의 용융염 매질에서 사용후핵연료에 있는 장수명, 고독성 물질을 분리하여 고준위 방사성 폐기물 처리량을 줄이고, 유용한 자원을 재활용하기 위한 기술이기에 큰 의미가 있는 것이다.

용융염은 고온에서 액체 상태의 매질로서 전류가 잘 통하고, 화학적으로도 안정적인 전해질 역할을 한다. 먼저 산화물 형태의 사용후핵연료를 피복관을 제거하고 잘게 부수어 놓는 전처리 작업을 수행한다. 리튬염(LiCl-Li2O)을 전해조(Electrolytic Cell)에 담아 약 650°C의 고온의 용융염(녹아내린 소금) 상태로 만든 후에 전처리 작업에서 나온 사용후핵연료

---

23) TRU(Transuranic elements): 핵분열에 의해 생성되는 원소로 인공적으로 만들어지는 플루토늄(Pu), 아메리슘(Am), 넵투늄(Np) 등의 원소

부스러기를 넣고, 전해조 안에서 전기를 흘려주면, 산화물 연료 속의 산소가 전해 반응을 통해 제거되면서 우라늄이나 플루토늄이 금속으로 환원된다. 금속 형태로 변환된 사용후핵연료를 전해정련 전해질(LiCl-KCl)의 양극(Anode)에 넣고 전기를 흘려보내면 금속 원자들이 전자를 잃고 이온 상태로 변하면서 용융염 속으로 녹아든다. 이렇게 이온화가 일어나면 각각의 금속(예를 들어 우라늄, 플루토늄, 다른 핵분열 생성물들)은 이 전해질 속에 각각 이온(전하를 띤 입자) 형태로 녹아 나오게 된다. 음극(Cathode)에는 금속이 다시 붙을 수 있는 전극(보통 스테인리스강을 사용)을 놓는다. 여기에 특정 전압을 걸면 이온 상태로 녹아 있는 물질 중 전기적으로 안정된 금속 이온들(예: 우라늄 U^{3+})은 음극 쪽으로 이동하여 전자를 받아 다시 금속으로 환원되어 달라붙는다.

반면, 더 반응성이 높은 금속(예: 세슘, 스트론튬, 희토류 등)은 전기적 성질이 달라 음극으로 이동하지 못하고 그대로 전해질 속에 남게 된다. 결론적으로 음극에는 재사용 가능한 순수 금속 우라늄 또는 우라늄-플루토늄 합금이 남고, 전해질 속에는 폐기 대상인 불필요한 원소들이 남는다. 이렇게 회수된 금속은 다시 소듐냉각고속로와 같은 차세대원자로의 연료로 사용할 수 있고, 남은 물질은 방사성폐기물로 안정화 처리한다.

결국 용융염은 "뜨거운 전기 전도성 소금물"로서 금속을 녹여 이온 형태로 풀어놓는 용매 역할과 전기 분리를 가능하게 해 주는 전해질 역할을 동시에 한다. 이런 점에서 파이로는 물을 사용하는 기존 습식 재처리와 달리 훨씬 고온에서 빠르고 안전하게 금속 상태의 핵연료를 다룰 수 있는 점이 특징이다.

파이로 공정은 그림 4-1과 같이 전처리, 전해환원, 전해정련, 전해제련의 4단계의 단위 공정 기술들로 이루어지며, 이들 단위 공정들을 하나로 시스템화한 것이 일관 공정(Integrated System)이다. 파이로를 이용하여 사용후핵연료를 그 물리적, 화학적 성질에 따라 분리하여 재활용하면, 고준위 방사성폐기물 양을 획기적으로 줄일 수 있으며, 사용후핵연료를 값진 에너지 자원으로 재활용할 수 있게 되는 것이다. 그림 4-2는 파이로 기술을 이용한 사용후핵연료 관리 방안을 요약하여 보여 주고 있다.

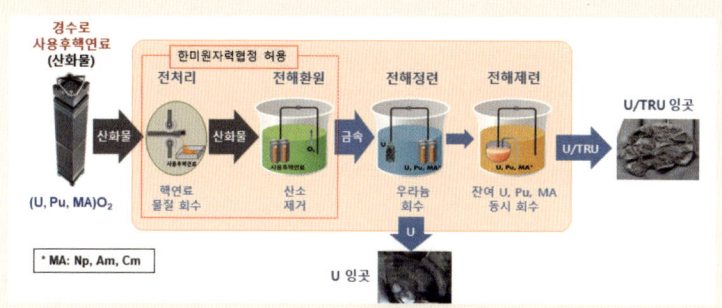

[파이로 기술]

사용후핵연료에 포함된 핵물질(플루토늄(Pu), 우라늄(U) 등)을 고온(500~650℃)의 용융염 매질(LiCl-KCl 등) 내에서 **전기화학적 방법으로 분리·회수**하는 기술

- (전처리) 사용후핵연료를 집합체와 피복관으로부터 분리
- (전해환원) 전처리를 거친 산화물 사용후핵연료를 금속으로 전환
- (전해정련) 금속 사용후핵연료에서 전기화학 방법으로 U 금속만 회수
- (전해제련) 용융염 내 남아있는 잔여 U과 초우라늄원소(TRU: Pu, Np, Am, Cm)를 동시 회수

그림 4-1. 파이로 기술의 개요

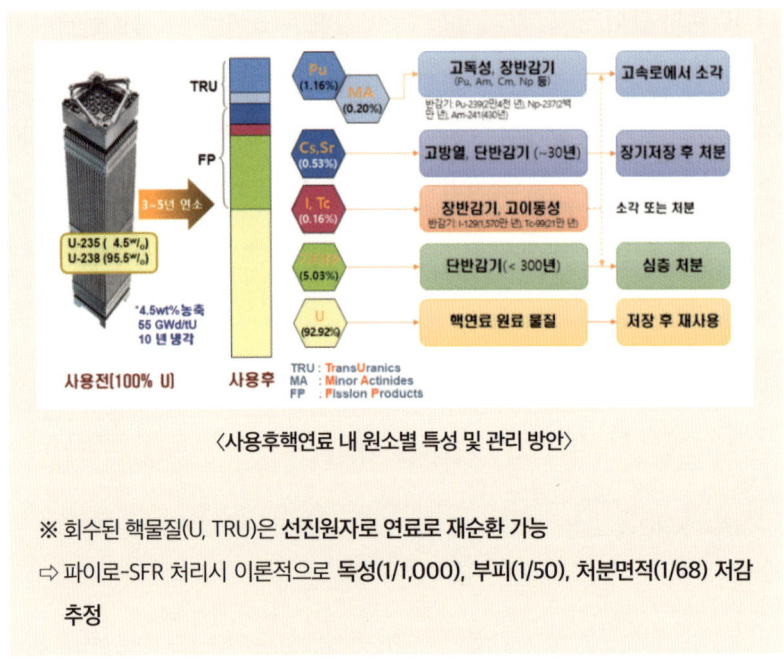

〈사용후핵연료 내 원소별 특성 및 관리 방안〉

※ 회수된 핵물질(U, TRU)은 **선진원자로 연료로 재순환 가능**

⇨ 파이로-SFR 처리시 이론적으로 **독성(1/1,000), 부피(1/50), 처분면적(1/68) 저감**
추정

그림 4-2. 파이로기술을 이용한 사용후핵연료 관리방안

다시 한번 간단히 설명하면 파이로 공정은 사용후핵연료 집합체를 해체하고, 연료봉의 피복관을 벗기고 잘게 자른 연료를 고온의 용융염에 넣어 산화물 형태의 핵연료를 금속 형태로 바꾼 후, 용융염 매질 속에서 전기화학적인 방법으로 우라늄, 초우라늄 핵종(플루토늄, 아메리슘 등), 핵분열 생성물을 분리하는 것이다.

파이로는 공정 특성상 플루토늄을 단독으로 분리하기 어렵고 초우라늄 핵종이 한꺼번에 회수되어 핵확산저항성이 크다고 하는 것이다. 또한 고독성 물질들만을 따로 분리하여 처분할 수 있게 하므로 고준위 방사성 폐기물 처분 양을 획기적으로 줄일 수 있는 것이다.

회수된 우라늄은 핵연료 물질로 재활용이 가능하며 플루토늄을 포함한 초우라늄 원소는 고속로에서 핵반응을 통해 그 양을 대폭 줄일 수 있다. 이를 위하여 파이로를 소듐냉각고속로(SFR)[24]와 연계하여 회수된 우라늄과 초우라늄 원소 핵연료 물질을 SFR 연료로 재순환하는 기술을 개발 중이다. 소듐냉각고속로(SFR)는 기존의 경수로와 달리 핵연료의 효율을 극대화하고 핵폐기물을 획기적으로 줄일 수 있어 차세대 원자력 시스템으로 주목받고 있으며, 파이로와 연계하여 사용후핵연료에 포함된 고독성, 장수명 방사성물질을 재활용하거나 핵반응을 통한 소멸로 고준위 폐기물의 양과 독성을 크게 줄일 수 있는 특징을 갖고 있다.

사용후핵연료를 처리하는 데 있어서 핵확산에 대한 우려가 가장 큰 걸림돌이지만, 파이로는 플루토늄의 단독 혹은 분리 추출이 불가능하고 공정시설의 격납감시가 용이하다는 특징을 가진다. 격납감시란 원자력 시설의 격납건물 내·외부 상태를 실시간으로 감시하여 핵물질의 유출을 방지하고, 구조적 건전성을 확보하기 위한 핵심 안전관리 활동으로, 주요 감시 항목에는 압력, 온도, 누설률, 방사선 농도, 구조물 변형 등이 포함되며, 정기적인 점검과 센서 기반의 자동화 시스템을 통해 수행된다.

파이로는 영국, 프랑스, 일본 등에서 사용하는 습식 재처리와는 달리 전기화학적 공정 특성상 고순도의 플루토늄 회수가 불가능하다. 즉, 화학적 반응을 통해 순수 플루토늄을 분리할 수 있는 기존 습식 재처리 방식과 달리 전기화학적 방법을 쓰는 파이로는 우라늄과 플루토늄을 포함한 초우라늄(TRU) 원소들을 함께 회수하는 기술이므로 핵확산 저항성이

---

24) SFR: Sodium-cooled Fast Reactor, 소듐냉각고속로, 액체금속 소듐(나트륨)을 냉각재로 사용하는 4세대 원자로

우수하다고 하는 것이다.

그림 4-3은 파이로 실험을 수행한 미국 아이다호국립연구소(INL)[25]의 HFEF[26] 시설의 외부 모습이며, 그림 4-4는 HFEF 시설의 내부 모습인데, 파이로의 모든 공정이 아르곤 가스와 같은 불활성 분위기[27]의 핫셀(Hot Cell)에서 수행된다. 또한, HFEF 시설은 공정 셀[28]과 준비작업 및 제염용 제염 셀(Decon. Cell)의 두 개의 셀(Cell)로 구성되며 모든 장치나 공정물질은 이송시스템(Transfer System)을 통해 반출입할 수 있다. 모든 공정 장치와 공정 물질은 대형 이송구(Large Transfer Lock)를 이용하며, 간단한 공구의 투입 등은 소형 이송구(Small Transfer Lock)를 이용할 수밖에 없는 구조로 반출입 관리가 명확해서 격납감시와 핵물질 계량관리 등 안전조치(Safeguards)가 용이하다.

안전조치시스템(Safeguards System)[29]의 핵심요소는 핵물질계량관리(NMA)[30], 준실시간 핵물질계량(NRTA)[31], 격납감시 및 모니터링(C/

....

25) INL: Idaho National Laboratory(미국 아이다호 국립연구소)

26) HFEF: Hot Fuel Examination Facility, INL의 조사후시험용 불활성 분위기의 핫셀(Hot Cell), 1960년대 건설, 1975년에 운전 시작.

27) 불활성 분위기(Inert Atmosphere): 산소나 수분과 반응하지 않는 기체(예: 아르곤, 질소, 헬륨 등)를 사용하여 공정 환경을 안정화시키는 조건을 의미한다. 고온 열처리, 금속 정련, 전기화학 반응, 반도체 제조 등에서 산소나 수분에 의한 오염을 방지하고, 원하는 반응만을 유도하기 위해 활용됨

28) 공정 셀(Process Cell): 고방사성 시료를 원격으로 조작·분석·처리하기 위해 설계된 밀폐된 작업 공간.

29) 안전조치시스템: 국제원자력기구(IAEA)가 주관하는 핵확산 방지 활동을 검증하기 위한 일련의 기술적 조치와 제도

30) 핵물질계량관리: Nuclear Material Accountancy, NMA

31) 준실시간 핵물질계량: Near-Real Time Accountancy, NRTA

S&M)[32]으로 구성된다. 보조 시스템으로는 시료분석 시스템, 비파괴분석 시스템, 시료채취 시스템, IAEA 사찰검증 지원 시스템 등이 있다. 핵물질계량관리 시스템의 구성요소는 물질수지구역(MBA)[33]과 주요측정지점(KPA)[34]의 설정이다. 파이로 시설에서는, 그림 4-5와 같이 전처리 공정셀, 주 공정셀, 공정 생성물 및 폐기물 저장셀 등 3개의 물질수지구역으로 구분하며, 모든 물질이 이송되는 통로(①부터 ⑤까지)를 주요측정지점으로 설정하여, 물질 이송을 측정하고, 격납감시를 수행할 수 있다[23]. 핵물질계량관리는 원자력 시설 내부 핵물질의 위치, 양, 이동 및 사용 내역을 정확히 추적·기록하여 무단 사용이나 분실, 도난을 방지하는 핵비확산 관리 체계이며, 물질수지구역(MBA)은 핵물질의 입·출 및 재고를 정량적으로 관리하기 위해 설정된 경계 구역으로, 국제 핵비확산 체제에서 핵물질의 이동과 사용을 감시·검증하는 기본 단위를 말하는 것이다.

안전조치시스템에 관하여 과거에는 시설 설계 후 별도로 시스템을 설계하였으나, 이제는 시설의 설계 단계에서부터 안전조치 시스템을 반영하는 SBD(Safeguards-By-Design) 설계를 적용한다. 특히, 시설의 안전(Safety), 안보(Security)와 안전조치(Safeguards) 세 가지를 아예 시설의 설계 초기 단계에서부터 함께 반영하는 3SBD(Safefy, Security, Safeguards-By-Design) 설계를 채택한다. 이렇게 함으로써, 사용후핵연료에서 고독성 물질을 회수하여 고준위 방사성폐기물 양을 줄이려는 파이로 기술의 핵확산 문제에 대한 의심을 시설의 설계 단계에서부터 없애는 것이다.

....

32) 격납감시 및 모니터링: Containment Surveillance & Monitoring, C/S&M
33) 물질수지구역: Material Balance Area, MBA
34) 주요측정지점: Key Measuring Point, KPA

그림 4-3. 미국 INL의 HFEF 시설 외부 모습

그림 4-4. 미국 INL의 HFEF 시설의 공정 셀(Cell) 내부의 모습(미국 INL 제공)

파이로의 또 다른 장점은 환경 친화성이다. 파이로를 SFR과 연계하면 사용후핵연료 내에 존재하는 독성[35]이 오래 가는 초우라늄 원소(플루토늄, 아메리슘, 퀴륨, 넵투늄)를 회수하여 고속로에서 연소시키고, 열이 많이 발생하는 세슘과 스트론튬 등의 방사성물질은 분리하여 별도 관리함으로써, 환경 친화성의 극대화가 가능하다. 또한, 파이로는 경제성이 높을 가능성이 있다. 파이로는 공정이 아주 단순하고 시설이 소규모로 기존 습식 재처리보다 경제성이 증진될 수 있다.

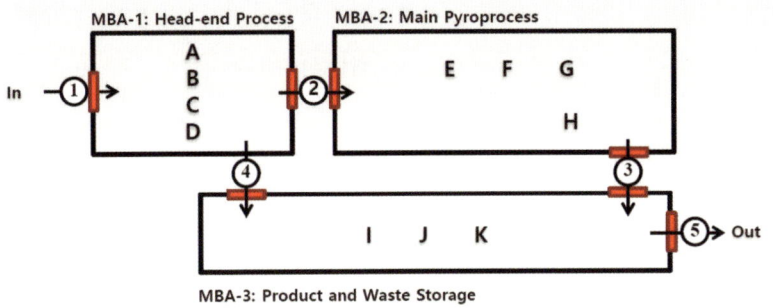

그림 4-5 파이로 시설의 물질수지구역(MBA) 및 주요 측정지점(KMP) 참고문헌 인용[24]

....

35) 사용후핵연료의 독성은 원자로에서 연소 후 잔존하는 방사성 핵종들이 인체 및 환경에 미치는 잠재적 유해성을 의미하며, 주로 방사능 강도, 반감기, 생물학적 영향 계수 등을 기준으로 평가된다. 초기에는 고방열 단반감기 핵종이 독성의 주요 원인이며, 장기적으로는 장반감기 핵종이 독성의 지속성을 결정함.

2

국내 파이로 기술개발 현황

우리나라는 미래세대의 고준위 방사성폐기물 처분 부담을 줄이기 위해 1997년부터 사용후핵연료 처리기술(파이로프로세싱) 개발에 착수하였다. 2008년 12월 제255차 원자력위원회는 「미래 원자력시스템 연구개발 장기 추진계획」을 수립하고, 국내외 기술개발 동향, 그 간의 성과 등을 종합적으로 고려하여 본격적인 파이로-SFR 연구개발 추진을 결정하였다.

최초 파이로 연구를 시작한 1997년부터 2006년까지는 소규모 과제 중심의 기초연구를 수행하였다. 이후 2007년부터 2011년까지는 공학규모의 공정개발을 수행하였으며, 이후 국내 연구뿐만이 아니라 미국과 공동연구를 수행하였다. 파이로 연구를 위해 그림 4-6과 같이 국내에서는 연구원의 PRIDE 시설과 함께 미국 아이다호연구소(INL)의 HFEF 시설이 활용되었다.

이 한미 공동연구에서 한미 양국은 2011년부터 파이로 기술의 타당성 검증을 위해 한미 핵연료주기 공동연구(JFCS: Joint Fuel Cycle Study)를 추진하기로 하였다. 2008년 미 측이 JFCS를 제안했고, 2011년 4월 양국 협의를 거쳐 JFCS 추진을 합의(MOU 체결)하여 2011년 7월 한미 공동연구를 착수하게 된 것이다.

그림 4-6. 국내 PRIDE 시설(좌) 및 미국 INL의 HFEF 시설(우)

JFCS는 한미가 공동으로 2011년부터 2020년까지 10년간 파이로 기술의 기술성, 경제성, 핵비확산성 등의 타당성 검증을 위해 연구를 수행하며, 한미 양국이 50:50으로 예산을 균등 부담하기로 한 것이다. 한미 공동연구는 세 단계로 진행되었다. 1단계에서는 소규모의 파이로 공정시험과 안전조치 기술현황을 분석하고, 2단계에서는 kg 규모의 공정장치 제작과 시험을 통한 공정실증, 그리고 안전조치(Safeguards) 기술을 개발하는 것이다. 마지막인 3단계는 파이로 공정에서 생산된 연료를 핵연료로 만들고 이를 원자로 조사시험을 통해 종합실증하는 것이며, 안전조치를 검증하는 것이다. 민감 물질인 사용후핵연료를 다루는 파이로 기술에 대해 미국과 공동연구를 가능하게 한 JFCS는 상당한 의미를 갖는다.

그러나 2017년 파이로 기술의 연구는 큰 시련을 겪었다. 반원자력 환경단체 인사들과 일부 국회의원을 중심으로 연구개발을 강력히 반대하였다. 결국, 2017년 국회의 지적에 따라 「사용후핵연료 처리기술 재검토위원회」[36]를 구성하여 운영하였으며, 2018년 3월 재검토위원회는 "R&D 의 지속 추진 여부에 대해서는 한미 공동연구(JFCS) 결과 등을 바탕으로 2020년 이후에 다시 판단할 것"을 권고하였다. 결국 2020년까지 한미 공동연구가 지속될 수 있었다.

2021년 7월 30일 한미공동연구 결과를 담은 『JFCS 10년 보고서』 발간 후, 파이로-SFR 연구개발 지속 여부 판단을 위해 국회에서 여·야 협의를 거쳐 「사용후핵연료처리기술 연구개발 적정성검토위원회」[37]를 구성하여 검토한 결과 2021년 12월 사용후핵연료 처리기술이 기술성·안전성·핵비확산성을 갖춘 사용후핵연료 관리 기술로서 가능성이 있다고 판단하였다.

이와 같이 파이로는 혹독한 검증을 거쳐 타당성을 인정받았지만, 사용후핵연료를 다루는 파이로는 민감한 기술이므로 한미 양국 간 약속에 의해 연구결과는 대외적으로 비공개라서 일반에 알릴 수가 없다. 따라서 세부적인 내용을 공개할 수는 없지만, 그 주요성과는 양국이 합의한 기술성·경제성·핵비확산성에 대한 타당성을 확인한 것이다.

그 결과로 제10차 원자력진흥위원회(2021. 12.)[38]는 적정성 검토위원회의 검토 결과를 기반으로 처리기술 연구개발 지속을 결정하여, 단기적으로는 실증·상용화 전 단계까지 핵심기술 개발(2022~2026)과 고연소

....

36) 사용후핵연료 처리기술 재검토위원회: 국회의 지적으로 국회와 협의된 민간 전문가 7인으로 구성. 2017년 12월부터 2018년 3월까지 운영됨.
37) 적정성 검토위원회: 국회의 지적으로 국회와 협의된 민간 전문가 7인으로 구성. JFCS 보고서를 바탕으로 사용후핵연료 처리기술 연구개발의 적정성 여부를 검토함. 2021년 9월부터 2021년 12월까지 운영됨.
38) 원자력진흥위원회: 우리나라의 원자력 이용에 관한 중요 사항을 심의·의결하기 위해 국무총리 소속으로 설치된 위원회

도 사용후핵연료를 사용한 한미 공동연구 및 '장기동의'[39] 확보를 추진하고, 중장기적인 실증·상용화 연구는 JFCS 마무리 이후 성과점검 및 국내 사용후핵연료 관리정책 등을 종합적으로 고려하여 검토 추진하도록 하였다. 이와 같은 결정에 따라 2022년부터 그림 4-7과 같이 「사용후핵연료 처리기술 고도화 연구개발 사업」이 추진 중이다.

한편, 2020년 10월 한미 원자력 고위급위원회(HLBC)[40] 수석대표 간 화상회의에서 미 측은 고연소도 사용후핵연료를 이용한 추가 공동연구 필요성을 제기하여 추가 공동연구를 수행하고 있다. 기존 JFCS에서는 한미 간 합의를 통해 저연소도 사용후핵연료로도 파이로 타당성 검증이 가능하다는 판단 아래 아이다호국립연구소(INL)가 보유 중인 저연소도 사용후핵연료로 실험을 수행하였다. 한미는 당초 JFCS에서 고연소도 사용후핵연료를 이용한 파이로 타당성 검증을 수행할 예정이었으나, 미 측 사정으로 아이다호국립연구소로 고연소도 사용후핵연료의 반입이 지연되었기 때문이다.

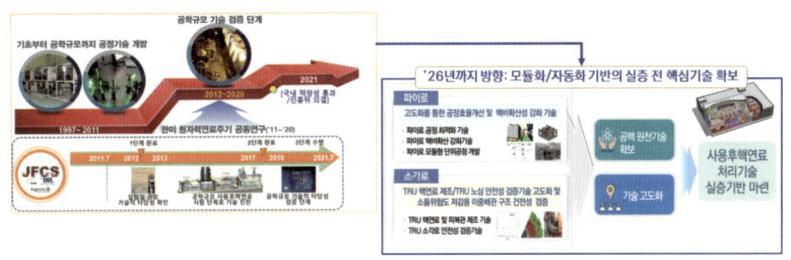

그림 4-7. 파이로 기술의 실증을 위한 연구개발 계획

---

39) 장기동의: 한미 원자력협정에서 한국이 미국산 핵물질을 이용한 연구 활동에 개별적 사전 동의를 받아야 했는데, 2015년 개정으로 일일이 사전 동의를 받지 않고도 포괄적, 장기적인 동의를 받을 수 있게 함.

40) HLBC: ROK-US High Level Bilateral Commission on Nuclear Energy, 2015년 개정된 한미 원자력 협정의 핵심 이행 기구

3

파이로 기술의 현안 및 대응방안

　파이로와 관련해서는 몇 가지 현안을 해결해야만 한다. 가장 중요한 것은 기술적인 발전이다. 파이로 기술은 어느 정도 입증되었다고 할 수 있다. 그러나 이것은 공학 규모의 실험을 통해 각 공정과 공정을 통한 물질 회수를 검증한 것이지 상용화 수준의 검증이 아니다.

　상용화를 위해서는 양산을 위한 연속성을 갖춘 공정의 자동화와 대용량화가 필요하다. 작은 규모의 공학 규모에서 상용 규모로 대용량화는 매우 중요하다. 파이로 기술의 자동화는 실증시설을 통해 검증해야 하며, 자동화는 곧 공정운전 효율성과 용량 증대의 기본이 되는 것은 물론 핵비확산성의 강화 및 미국의 장기동의 확보에도 매우 큰 도움이 될 것이다. 핵비확산성을 담보하면서 모든 공정을 획기적으로 발전시켜야 한다.

　파이로 국내 실증을 위해서는 3SBD(Safety, Security, Safeguards-By-Design) 기반의 국내 실증시설의 구축과 미국의 '장기동의'가 필요하다. 미국과의 장기동의 협상을 위해서는 국내 실증(로드맵)을 포함한 구체적이고 정교화된 국가 중장기 연구개발 계획이 필요하다. 미국은 2015년 한미 원자력협정 개정 당시 장기동의 부여를 위해서는 구체적인 국가 중장기 계획의 중요성을 강조하였으나, 현재 구체적인 파이로 실증계획이 부재한 상태이다. JFCS 완료 전 파이로 국내 실증을 위한 국가 계획 수립과 대미 협상전략 등 범정부(외교부, 과기부, 기후에너지환경부, 산업통상부) 협상 체제 구축 및 운영이 필요하다.

파이로 기술을 실증하기 위한 시설의 구축을 위해서는 파이로 공정 장치의 모듈화-자동화 등 핵심 기술의 고도화, 인허가 자료의 확보, 부지와 예산확보가 필수적이다. 파이로 실증시설은 사용후핵연료의 취급이 가능한 대형 핫셀(Hot Cell)로 파이로 실증 이외 사용후핵연료 안전관리(운반, 저장, 처분 등)에 필수적인 특성 분석, 조사후시험 등에도 활용될 수 있다.

파이로 공정에 대한 핵심기술의 고도화와 큰 예산이 소요되는 문제, 부처 간 이해충돌 문제를 해결하면서 조금 더 연착륙할 수 있는 방안을 강구할 필요가 있다. 대형 파이로 핫셀시설을 바로 구축할 수 없다면, 파이로 공정이 해결해야 할 핵심과제에 집중하면서 이러한 기술개발을 지원해 줄 수 있는 중대형 글로브박스를 통한 실험을 통해서 핵심 요소부터 해결하는 것이다. 시설 부분에서는 공정의 기술 발전에 따른 시설 개념 개발, 유틸리티, 안전조치 등 시설의 핵심 설계 요건에 대한 개발에 전념하며, 시설구축에 필요한 시간을 최대한 단축시키고 불필요한 예산 낭비를 방지하는 방안 확보가 매우 중요하다.

다른 한 편으로는 안전조치에 관해서 미국과의 지속적인 협력을 통해 단순한 파이로 안전조치 기술 외에 미국과의 상호 신뢰를 확보하는 것이 중요하다. 이러한 면에서는 기존의 한미 공동연구의 틀을 계속 유지하는 것이 바람직하다. 미국도 파이로에 관해 큰 관심을 가지고 있고, 자신들도 개발하려는 기술이기 때문이다.

장기동의 협상을 위해 현재 중단된 HLBC의 재가동도 필요하다. 한미 원자력협정 상 장기동의 협상은 HLBC에서 추진되어야 하나, APR1400[41] 수출통제 등의 문제로 2019년 이후 회의가 개최되지 못하고 있었다. 이 제 원자력협정이 양국 정상 간 협상 의제로 논의되는 새로운 환경이 되었다. 고위급 접촉을 통한 협의체 가동을 통해 JFCS의 조속한 완료 및 장기동의 협의, 미국과 수출통제, 원전 공동수출 등 원자력 분야의 한미 간 전략적 파트너십 대화 추진이 필요하다.

또한, 파이로와 관련한 가장 큰 현안은 원자력계 내부의 소통과 협력이다. 파이로 기술은 국가 전략적으로도 매우 중요한데도 불구하고 민감기술인 관계로 공개하지 못하는 부분도 있다. 현재 원자력은 기술개발을 담당한 과기부와 원전 운전 및 폐기물 관리를 담당하는 기후에너지환경부로 나뉘어 있고, 기후에너지환경부는 당면한 문제의 해결에 있어 이미 확보되고 검증된 기술만 적용하려는 경향이 있다. 반면 파이로 기술은 더 개발하고, 치밀한 검증을 거쳐야 한다. 그러므로 소규모의 연구개발을 지원하는 과기부의 지원만으로는 실증이 어려운 상황이다. 그러다 보니, 부처와 부문 간 칸막이와 배타적인 이해관계에 막혀 좋은 해결 방안을 찾지 못하고 있는 실정이다.

이 문제의 해결은 사용후핵연료 문제에 대한 국가 컨트롤 타워를 제대로 만드는 것이다. 이제 정부 조직 변경으로 산업자원부의 원자력 관련 업무가 기후에너지환경부로 넘어가 기후에너지환경부와 산업통상부가 함께 협력해야 하므로 상황이 좀 더 복잡해질 것으로 예상된다. 다른 한

---

41) APR1400: 한국형 신형 가압경수로, 한국이 자체 기술로 개발한 1,400 MW급 대용량 발전 용량의 3세대 원자로

편으로는 고준위 방사성폐기물 관리에 관한 특별법에 따른『고준위 방사
성폐기물 관리위원회』가 본격적으로 가동되면, 이런 사항들이 더 논의되
고 잘 정리될 것으로 기대한다.

4

미국과 협력 현안 및 대응방안

　사용후핵연료를 다루는 파이로 기술개발은 미국과의 협력이 매우 중요하다. 이와 관련하여 몇 가지를 얘기하고 싶다. 우선은 지나간 일들에 대한 내용을 살펴보고, 최근의 트럼프 행정부의 행정명령을 중심으로 한 상황에 대해 살펴보고자 한다.

　그림 4-8은 2006년 10월 23일 미국 아이다호연구소에서 최초로 개최된 한미 선진핵연료 주기 포럼에서의 사진이다. 이때만 해도 국내에서 수행되는 사용후핵연료를 이용한 모든 실험은 미국 국무부(DOS)의 승인을 받아야만 했다. 사진의 좌측에서 네 번째 사람이 Alex Bukurt라는 국무부 담당자이며, 우측에서 다섯 번째인 여성이 실무 담장 직원이다. 우측 끝에서 두 번째가 필자인데, 필자는 이 두 사람에게 사용후핵연료를 이용하는 모든 연구 과제의 목적과 사용할 사용후핵연료의 양 등을 일일이 설명하고 승인을 받아야만 했다. 지금 생각해도 정말 안타까운 상황이었다.

　그림 4-9는 필자가 한미 핵연료주기 공동연구(JFCS)를 위해 미국 아이다호연구소(INL)에 파견 중에 파이로 실험을 참관하는 모습이다. 이 사진에서 보듯이 우측의 두 명의 작업자가 실험을 수행하고 있고, 가운데 INL 담당 연구원이 공정을 모니터링하는 것을 함께 보고 있는 장면이다. 이 사

진에서 의미하듯, 한미 관계가 사용후핵연료의 민감정보인 공정 장치는 물론 모든 공정 데이터를 미국과 공유하는 단계로 변화했음을 알 수 있다.

그림 4-10은 필자가 핵주기환경연구소 소장으로 일할 때인 2022년 미국 워싱턴 DC의 대사관 주재 과학관과 함께 미국 에너지부(DOE)를 방문해 관련 간부들과 함께 파이로 연구와 관련된 협력 방안을 논의하는 장면이다. 이와 같이 우리 연구원도 정부 당국자인 워싱턴 주재 과학관과 함께 미국과의 협력 방안을 편안하게 논의할 수 있는 것은 큰 의미를 갖는 것이었다. 우리나라가 사용후핵연료를 이용한 기술개발 문제에 있어 이와 같은 상황은 2006년에 비해 상상할 수 없을 정도로 많이 진전된 것이다.

그림 4-11은 2017년 9월 28일 미국 유타대학교의 Michael Simpson 교수를 포함한 미국 DOE 간부가 우리 국회에 와서 사용후핵연료의 재활용 등의 관리 방안에 대한 토론회에 참석한 후 찍은 사진이다. 그림 4-12는

그림 4-8. 한미 최초의 선진핵연료 주기 포럼(저자 우측 두 번째)
(2006년 10월 23일)

2017년 9월 29일 Michael Simpson 교수가 서울 프레스센터에서 파이로를 이용한 사용후핵연료의 재활용 방안을 발표하는 모습이다. 이와 같이 파이로에 대해서는 미국에서도 INL 연구소뿐만 아니라 학계나 정부 내에서도 적극적인 지원을 하는 사람들이 있음을 알 수 있다.

물론 한미 정상 간의 논의를 통해 협상하는 것이 가장 바람직할 수도 있겠지만, 이와 같이 관계 기관 및 관계 부처 간 긴밀한 협력 논의와 함께 정부 고위 관계 당국자들의 협력이 지속되면, 협력 협정의 개정 문제는 잘 풀어낼 수 있을 것으로 판단된다.

그림 4-9. 미국 INL에서 파이로 실험 참관(저자 맨 좌측)
(2019년 7월 10일)

그림 4-10. 미국 DOE와의 파이로 관련 협력 협의
(2022년 5월 9일)

그림 4-11. 국회에서의 파이로 등 사용후핵연료 관련 토론회
참석 기념 사진(2017년 9월 28일)

그림 4-12. 서울 프레스 센터에서의 파이로 관련 토론회
(2017년 9월 29일)

도널드 트럼프 대통령은 2025년 5월 23일, 2050년까지 미국의 원자력 설비용량을 4배로 확대하기 위해 신속한 원자로 건설을 추진하고, 원자력 산업을 재활성화하기 위한 여러 가지 행정명령에 서명했다. 이 행정명령 중 '원자력 산업기반 재활성화(Reinvigorating the Nuclear Industrial Base)'는 에너지부(DOE) 장관에게 사용후핵연료 재활용 및 재처리에 관한 새로운 정책 방향을 모색하도록 지시한 것이다. 에너지부 장관에게 지시한 주요 사항을 살펴보면 다음과 같다.

첫째, 종합적인 정책 권고안 마련이다. 에너지부 장관은 국방부, 교통부, 예산관리국과 협력하여 사용후핵연료 및 고준위 방사성폐기물 관리를 위한 국가 정책을 제안하는 보고서를 2026년 1월 18일까지 대통령에게 보고해야 한다. 둘째, 재처리 및 재활용의 평가이다. 에너지부 및 국방부 원자로에서 발생하는 사용후핵연료에 대한 재처리 및 재활용 방안을 평가하고, 이 과정의 효율성을 높이기 위한 개선안을 권고하도록 하였다. 셋째는 잉여 플루토늄의 처리 프로그램의 제시이다. 냉전 시대부터 누적된 잉여 플루토늄을 처리하는 프로그램을 만들고, 이를 민간 원전 기업의 연료로 사용할 수 있도록 재처리하여 공급하는 방안을 추진하도록 했다. 이는 기존의 희석 및 처분 계획을 중단하고 플루토늄을 에너지원으로 재활용하는 새로운 접근 방안을 제시하는 것이다. 넷째는 민간 시설로의 사용후핵연료 이전이다. 상업용 경수로 사용후핵연료를 정부 소유의 민간 운영 재처리 및 재활용 시설로 효율적으로 이전하는 방안을 모색하도록 하는 것이다. 다섯째, 폐기물 처분 경로에 관한 것이다. 재처리 및 재활용 과정에서 발생하는 폐기물을 영구적으로 처분할 수 있는 경로에 대한 권고안을 제시해야 한다.

이와 같은 행정명령이 갖는 의미를 살펴보면 우선, 미국이 1970년대 이후 40년간 상업용 사용후핵연료의 재처리 및 재활용을 사실상 중단해 왔던 정책에서 벗어나 재처리를 다시 추진하려는 움직임으로 보인다. 또한 원자력 에너지 확대를 위한 규제 완화와 핵연료 공급망의 강화를 포함하여 차세대 기술의 발전을 위한 에너지 독립과 국가 안보 강화를 목표로 하는 것이며, 사용후핵연료의 재활용을 통해 원자력 산업의 새로운 성장 동력을 확보하고 미국 내 핵연료 공급망을 재편하는 데 기여할 것으로 예상된다. 그리고 이러한 트럼프 행정부의 정책은 우리나라의 사용후핵연료 재처리 허용 여부를 포함한 한미 원자력 협정 재협상 논의에도 큰 영향을 미칠 것으로 예상된다. 이와 같은 '농축과 재처리' 권한이 확대되면 우리는 고준위 방사성폐기물 문제뿐만 아니라 소형모듈원전(SMR)[42]의

---

42) 소형모듈원자로(SMR: Small Modular Reactor): 전기출력 300MWe 이하의 소형원자로

핵연료인 HALEU[43]의 대안으로 TRU 연료를 활용할 수 있어 에너지 안보 문제 해결에도 큰 도움이 될 것으로 예상된다.

최근 한미 관세 협상의 과정에서 미국이 우리나라의 우라늄 농축과 사용후핵연료 재처리를 허용해 주는 방향의 안보 협의 결과를 예측하기도 한다. 한미 협상에서 우리나라에 필요한 이런 원자력 분야의 큰 내용이 합의를 이룬다면, 우리나라 원자력 분야의 상황도 크게 달라질 수 있는 것이다. 이와 같이 한미 관세 협상에서 함께 논의되는 안보 분야 협상에서 원사력 분야의 '농축과 재처리' 권한 확대 문제가 논의되고, 원자력협정의 조기 개정 문제가 명시된다면, 2018년 이후 중단됐던 한미 원자력 고위급위원회(HLBC)도 재가동될 것으로 보인다.

최근 정부 부처 업무보고에서 대통령이 농축과 재처리에 관해 직접 언급하고 있는 상황이다. 그 동안 우리가 이 문제를 제대로 검토조차 못해 왔던 현실이 드러났고, 국민들이 이제는 원자력이 새로운 시대를 열어야만 한다는 것을 느끼게 해주었다. 우리나라가 '농축과 재처리' 권한을 갖게 된다면 사용후핵연료를 비롯한 여러 분야에서 많은 변화가 예상된다. 이것은 우리나라가 진정한 원자력을 완성하는 것을 의미하기 때문이다. 대통령이 직접 이 문제를 정상회담에서 의제로 다뤄 준 것은 매우 큰 변화의 시작이며, 우리나라 원자력의 새로운 장을 연 것이다.

---

43) 고순도저농축우라늄(HALEU: High-Assay Low-Enriched Uraium): 소형원자로 등 차세대 원자로에 적합한 새로운 핵연료의 일종

제 5 장

사용후핵연료 처분기술 현황

1

사용후핵연료 처분기술 개요

사용후핵연료의 영구처분을 위한 처분기술은 여러 가지 방식이 있으나, 현재로선 핀란드, 스웨덴, 프랑스와 같이 고준위 방사성폐기물 처분장을 확보한 나라에서 채택하고 있는 그림 5-1과 같은 심지층 처분(DGD)[44] 방식을 기본 처분 방식으로 고려하고 있다[24,25]. 이 처분 방식은 그림 5-1에서 보는 바와 같이 사용후핵연료를 그대로 처분용기(Disposal Canister, 또는 '캐니스터'라 칭함)에 담아 처분하는데, 지하 500m 깊이의 화강암과 같은 안정된 결정질 암반층에 처분 터널(Tunnel)을 뚫고, 터널 바닥에 일정 간격의 수직 방향 처분공(Disposal Hole)을 뚫고 여기에 캐니스터를 처분공에 안착시킨 후, 캐니스터 주변의 빈 공간을 벤토나이트(Bentonite)라는 완충재를 채워 넣고, 처분 터널을 폐쇄하여 사용후핵연료나 고준위방사성폐기물을 생태계에서 영구적으로 격리하는 처분 방식을 말한다[26,27,28].

벤토나이트는 처분용기와 처분공 사이의 간격을 메꿔 주며, 처분 용기 외부로의 방사성물질 유출을 방지함과 동시에 외부로부터의 물의 유입을 방지한다. 또한 처분 암반의 균열(Crack)을 메꿔 주는 역할은 물론 처

....

44) 심지층 처분(DGD: Deep Geological Disposal): 고준위 방사성폐기물이나 사용후핵연료를 지하 수백 미터 이상의 깊은 암반에 묻어 생태계로부터 격리하는 처분 방식

분 캐니스터에 균열이 생겼을 경우에도 내부로 물의 침투를 막는 역할을 한다. 심지층 처분장의 암반으로는 균열대가 존재하지 않는 결정질암 가운데 화강암반으로 선정한다. 화강암반을 선택하는 이유는 화강암이 가진 낮은 투수율(Permeability)과 높은 역학적 강도 및 안정성, 높은 열전도율(Thermal Conductivity), 그리고 오랜 지질학적 안정성을 들 수 있다. 화강암반 지층에 단층이나 균열이 존재하면 지하수 유입 가능성이 높아지므로 균열이 적고, 견고한 암반을 선택해야 한다. 핀란드와 스웨덴은 화강암 지반을 선정하였지만 프랑스는 뷰흐(Bure) 지역의 점토질암을 처분장으로 선정하였다[24].

핀란드와 스웨덴의 경우 처분용기는 그림 5-2와 같이 길이가 약 5.0m, 직경이 약 1.1m이며, 외부에는 부식방지를 위해 약 5cm 두께의 구리로 라이닝을 한다. 사용후핵연료의 피복관을 포함한 처분용기와 벤토나이트 완충재의 공학방벽(Engineered Barrier)과 화강암반층과 지층의 천연방벽(Natural Barrier)의 이런 복합시스템을 다중방벽 시스템이라고 한다.

국내에서는 2006년, 2007년에 이와 같은 핀란드 Posiva[45], 스웨덴 SKB[46] 방식의 수직처분(Vertical Disposal) 방식을 기준으로 한 KRS-V1(**K**orean **R**eference HLW **V**ertical disposal **S**ystem)을 한국형 기준 처분 시스템으로 발표한 바 있다[29,30]. 그림 5-3부터 그림 5-7은 이 방식과 관련된 상세도를 나타내고 있다. 우리나라에서 핀란드 방식을 참고로 한 가장 큰 이유는 핀란드가 처분 사업의 진도가 가장 빠른 나라이며, 검증된 기술(Proven Technology)이라는 이유가 가장 큰 것 같다.

....
45) Posiva: 핀란드의 고준위 방사성폐기물 관리 전담 기업
46) SKB: 스웨덴의 사용후핵연료 및 방사성폐기물 관리 회사

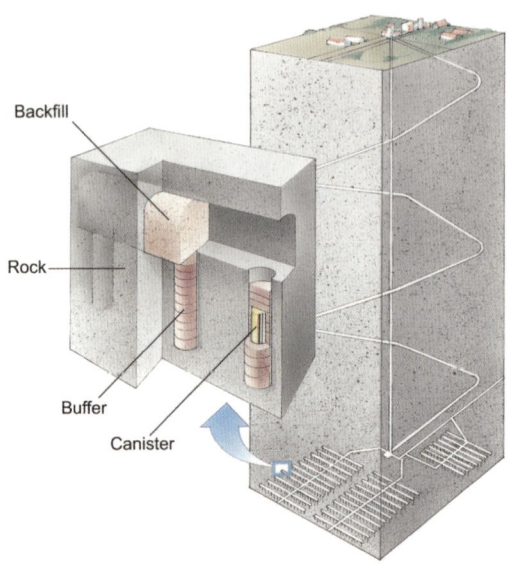

그림 5-1. 스웨덴 SKB의 KBS-3V 심층처분 개념도
(스웨덴 SKB 제공)

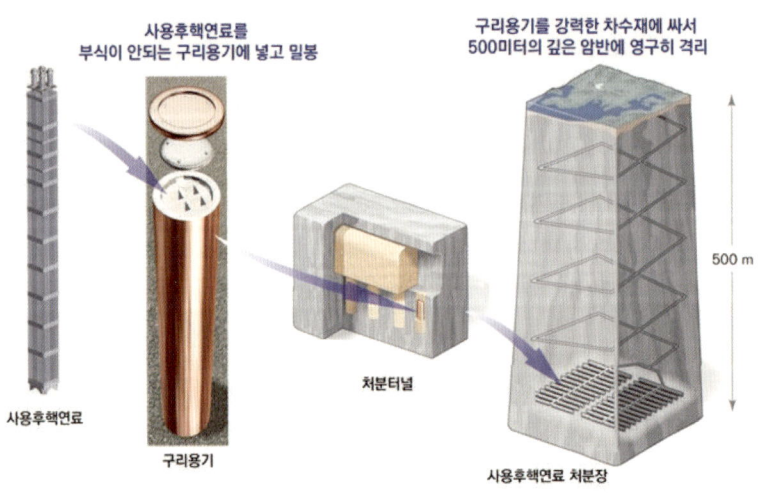

그림 5-2. 스웨덴, 핀란드의 심층처분의 다중방벽 개념도

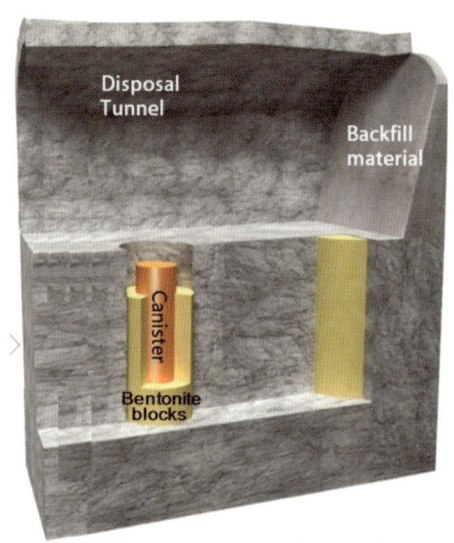

Bentonite blocks & backfill material

그림 5-3. KRS 심층처분 처분공 상세도

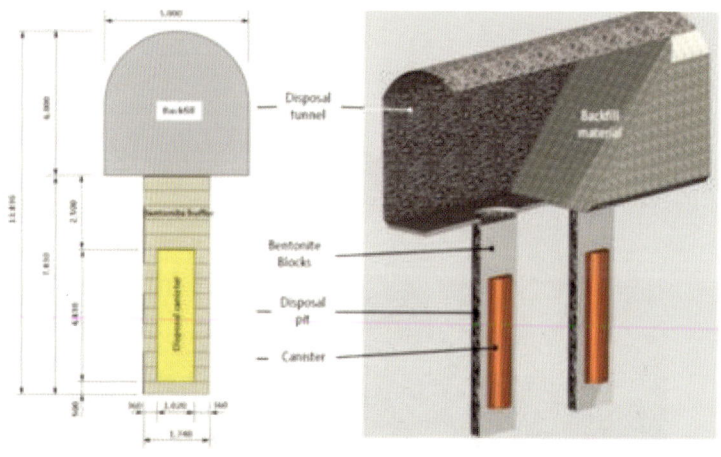

그림 5-4. KRS 심층처분 방식 상세도(KNS 특위 보고서 인용[24])

그림 5-5. KBS-3 심층저분의 처분용기 안착 방식 상세도

그림 5-6. 스웨덴 SKB의 처분용기 안착 차량 및 안착 개략도
(스웨덴 SKB 제공)

그림 5-7. 스웨덴 SKB의 처분용기 안착 차량
(스웨덴 SKB 제공)

스위스 Nagra[47]의 경우 그림 5-8, 5-9와 같이 수평방식의 심지층 처분 방식을 선택하고 있으며, 처분용기로는 두께 140mm의 탄소강(Carbon Steel)을 사용한다[31~34]. 그림 5-10은 스위스 처분 방식의 다중방벽을 나타내고 있는데, 이러한 다중방벽 시스템의 개념은 스웨덴, 핀란드의 수 직 방식과 동일하다고 판단된다. 그림 5-8의 아래 그림과 그림 5-11은 처 분공의 단면도를 나타내고 있는데, 직경 2.5m의 처분공이 약 3.7~5.3% 의 경사를 두고 있음을 알 수 있다[31]. 이 경사는 처분용기의 안착과 기 체 방출 등을 고려한 여러 요소를 감안한 것으로 판단된다.

Nagra 방식의 특징은 처분 용기를 수평으로 안착시켜야 하다 보니, 그 림 5-8의 우측 처분용기 그림과 그림 5-9에서 보듯이 처분용기 아래에 안 장처럼 된 벤토나이트 블록(Bentonite Block)에 올려놓은 후에 측면과 상부를 벤토나이트 펠렛으로 채운다는 점이다. 그림 5-12는 Nagra의 최 신 처분 모형으로 마치 TBM[48]으로 공사하는 지하철 굴착과 같이 처분 터 널을 굴착한 후 터널 벽면을 콘크리트 보강을 한 후 처분하는 것으로 안 전성을 더욱 강화한 것으로 보인다. 이는 그림 5-8의 처분공에 강철 아치 (Steel Arches)로 보강한 것을 대체한 것으로 보인다.

TBM은 화약 발파 대신 거대한 원통형 기계를 이용해 터널 전 단면을 한꺼번에 굴착하는 장비로 마치 거대한 드릴처럼 커터 헤드가 회전하며 암반과 토사를 부수고, 동시에 굴착된 토사를 외부로 배출하며 터널 벽 면을 조립하는 작업까지 자동화된 첨단 기계이다. TBM의 가장 앞부분에

---

47) Nagra: 스위스의 방사성폐기물 관리 공동조합
48) TBM: Tunnel Boring Machine(터널 굴착기), 원형의 거대한 커터를 회전시켜 터널을 뚫는 기계식 굴착공법

있는 회전하는 원판의 커터 헤드가 회전하며 암반에 압력을 가해 부수거나 절삭하고, 유압잭의 추진 시스템이 터널 벽면을 밀어내면서 TBM 전체를 앞으로 전진시키며, 굴착된 토사는 스크루 컨베이어나 벨트 컨베이어의 토사 배출 시스템을 통해 TBM 후방으로 배출한다. TBM은 이용할 수 있는 조건이 적합해야 하고 기계가 고가인 문제점은 있으나 터널 굴착양에 따라 경제성이 달라진다.

그림 5-13은 처분용기의 터널 내 안착 시스템을 나타내고 있으며, 그림 5-14는 처분공 내에 처분용기의 안착 후 벤토나이트로 뒤채움을 하는 개념도를 나타내고 있다[31,32]. 그림 5-15는 처분터널 내의 뒤채움 기계의 앞·뒤에서의 모습을 나타내며, 그림 5-16은 처분터널 내에서 바라본 뒤채움 기계(좌)와 뒤채움재가 채워진 모습(우)을 나타내고 있다[32]. 그림 5-11에서와 같이 처분공에 경사를 두는 것은 그림 5-13과 같이 처분공 내에 처분용기를 안착시키고 벤토나이트 뒤채움에도 유리하며 혹시라도 있을 수 있는 처분공 내에서의 물질의 이동을 한쪽으로 모으는 역할도 할 수 있다.

스위스 방식은 처분터널을 뚫고 처분 터널 내에서 다시 처분공을 뚫는 핀란드, 스웨덴의 방식과는 완전히 다른 방식으로 양끝단의 처분 터널 사이에 처분공을 뚫어 수평 방향의 처분공에 길이 방향으로 처분용기를 처분하는 것이다.

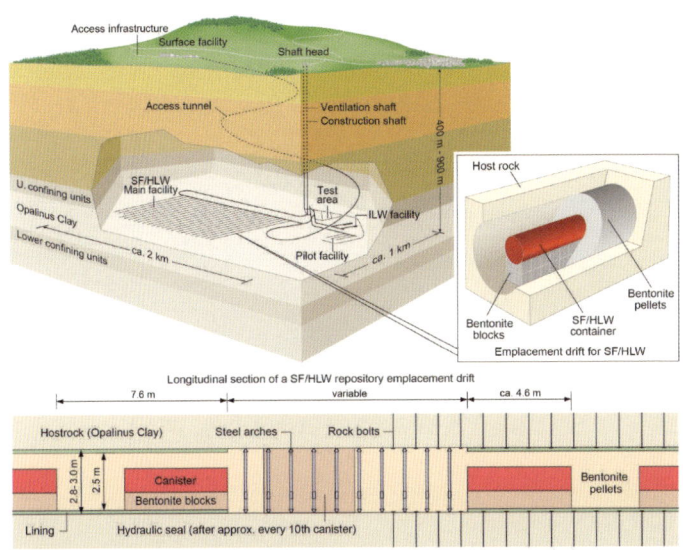

그림 5-8. 스위스의 사용후핵연료 지하 처분장 개념도(스위스 Nagra 제공[32])

그림 5-9. 스위스 사용후핵연료 처분 터널 및 용기 모형(2022년 방문 촬영)

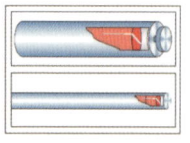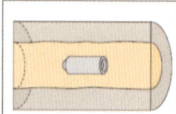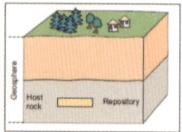

Glass matrix (in steel flask)
- Confinement
  - Containment of radionuclides in glass
- Attenuation of releases
  - Low corrosion rate of glass

or

Spent fuel assemblies
- Confinement
  - Containment of radionuclides in spent fuel pellets and Zircaloy cladding
- Attenuation of releases
  - Low corrosion rates of spent fuel pellets and Zircaloy

Steel canister
- Confinement
  - Prevents inflow of water and release of radionuclides from spent fuel or waste for several thousand years
- Attenuation of releases
  - Corrosion products act as reducing agent (giving low radionuclide solubilities)
  - Corrosion products take up radionuclides

Bentonite backfill
- Confinement
  - Long resaturation time
  - Plasticity (self-sealing following physical disturbance)
- Attenuation of releases
  - Low solute transport rates (diffusion)
  - Retardation of radionuclide transport (sorption)
  - Low radionuclide solubility in pore water

Geological barriers
Host rock
- Confinement
  - Absence of water-conducting features
  - Mechanical stability
- Attenuation of releases
  - Low groundwater flux
  - Retardation of radionuclide transport (sorption and colloid filtration)
Geosphere
- Confinement
  - Physical protection of the engineered barriers (e.g. from glacial erosion)
- Attenuation of releases
  - Retardation of radionuclide transport (sorption)
  - Dispersion

그림 5-10. 스위스 사용후핵연료 처분의 다중방벽 시스템(스위스 Nagra 제공[31])

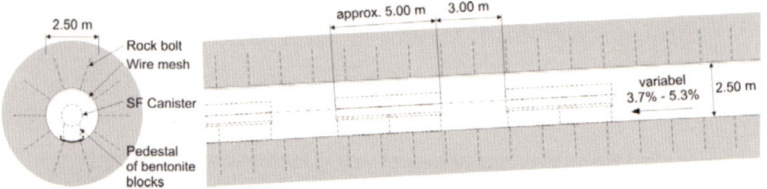

그림 5-11. 스위스 사용후핵연료 처분공의 단면도(스위스 Nagra 제공[31])

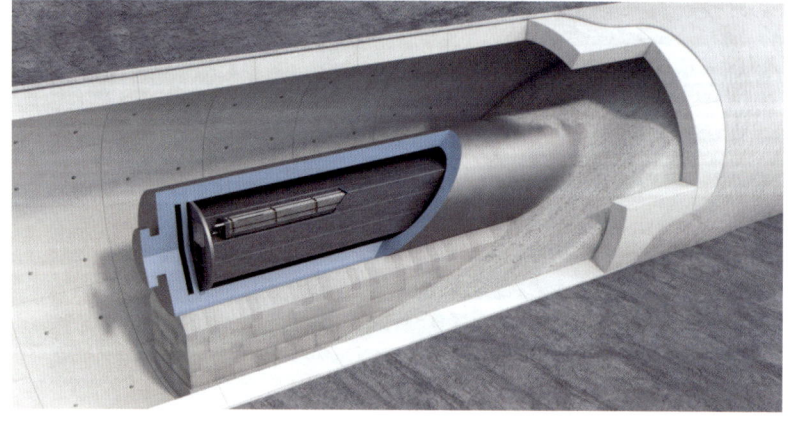

그림 5-12. 스위스 Nagra의 처분터널 및 용기 모형(스위스 Nagra 제공[Nagra website])

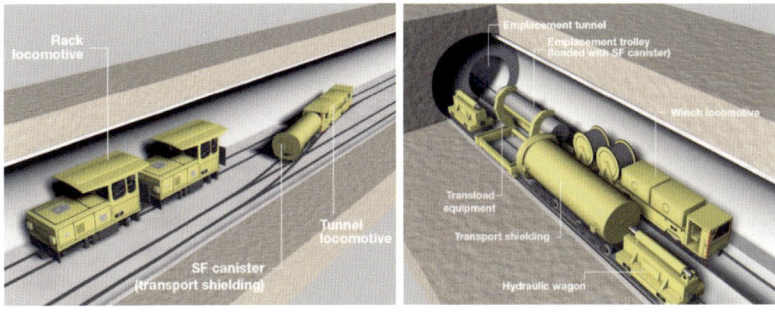

그림 5-13. 스위스의 사용후핵연료 처분용기 처분터널 내 안착 시스템(스위스 Nagra 제공[31])

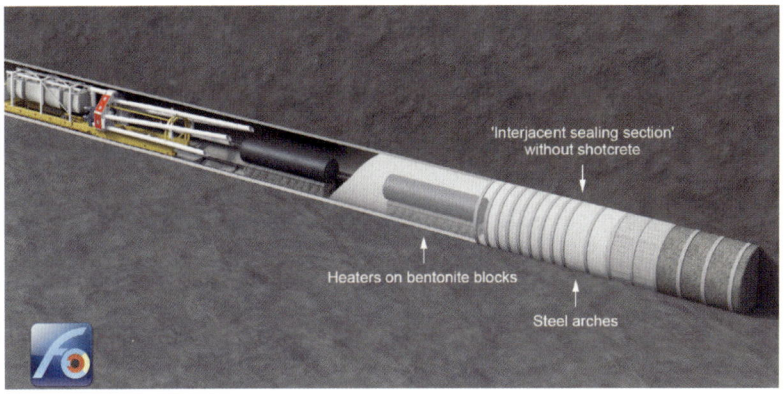

그림 5-14. 스위스의 처분터널 내 처분용기 안착 개념도(스위스 Nagra 제공[31])

그림 5-15. 스위스의 처분터널 내 벤토나이트 뒤채움 기계(전ㆍ후면)
(2022년 방문 촬영)

그림 5-16. 스위스의 벤토나이트 뒤채움 기계 및 채운 후 모습(스위스 Nagra 제공[31])

한편, 사용후핵연료를 재처리하는 프랑스는 그림 5-17과 같이 지하 500m 깊이의 점토질 암반에 처분 터널을 뚫고, 그림 5-18과 같이 처분 터널에서 양옆으로 수평으로 처분공을 뚫고, 처분공에 탄소강 라이닝을 설치한 후, 여기에 처분용기를 밀어 넣어 처분한다[24]. 그림 5-18은 처분용기를 나타내고 있는데 길이 약 1.5m, 직경 약 60cm 크기의 탄소강 처분용기를 택하고 있으며, 처분공도 탄소강 파이프로 된 라이닝을 사용한다. 그림 5-19는 프랑스의 처분 터널과 처분공의 모형을 나타낸다. 프랑스는 재처리한 고준위 폐기물을 처분하기 때문에 사용후핵연료를 직접 처분하는 경우보다 처분용기가 약 1/3 수준으로 매우 작아진다. 이와 같이 용기 직경이 작고, 처분공이 작아지면 처분용기나 처분공의 구조적 안전성은 훨씬 커지게 된다.

그림 5-17. 프랑스 ANDRA의 고준위폐기물 처분 터널(2022년 방문 촬영)

그림 5-18. 프랑스 ANDRA의 고준위폐기물 처분용기 및 처분공(흰색)
(2022년 방문 촬영)

그림 5-19. 프랑스 ANDRA의 고준위폐기물 처분 터널 모형
(2022년 방문 촬영)

스페인은 지하 500m-1,000m 심지층에 그림 5-20과 같이 직경 2.4m의 처분공에 수평 방향으로 처분용기를 배치하는 방안을 고려하고 있으며 처분용기를 라이너(Liner)로 둘러싼다. 또한 기본적으로는 캐니스터와 이를 감싸는 벤토나이트 등 인공방벽과 천연방벽의 다중방벽으로 구성 하는 시스템이다[35]. 스페인의 처분방식은 스위스 Nagra의 처분방식과 유사한 것으로 판단된다.

미국은 DOE가 2008년 NRC에 네바다주의 유카산에 처분장 건설 허 가를 신청했지만 2009년 무기한 연기된 상태이며, 2012년 발표된 '블루 리본 위원회'의 권고안을 바탕으로 다양한 처분방안을 연구하고 있다 [24,36~38]. 미국 처분 시스템의 특징은 그림 5-21과 같이 처분터널 내에 콘크리트 바닥을 만들고, 철재 받침대(Steel Support)를 설치한 후, 여기

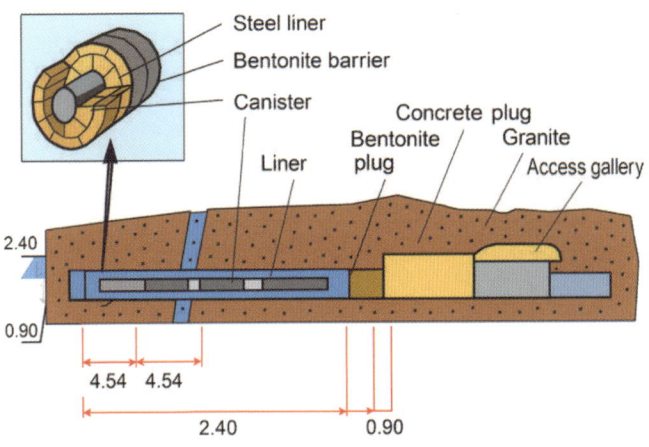

그림 5-20. 스페인의 고준위폐기물 처분용기 및 처분 개념도
(M. Villar 논문자료 인용[35])

에 사용후핵연료 처분용기를 수평으로 정치하는 것이다. 왜냐하면 네바다주가 사막 지역이라 지하수가 거의 없기 때문에 터널과 용기 사이를 아무것도 채우지 않는 것이다. 대신에 간간이 내리는 빗방울로부터 용기를 보호하기 위해 그림 5-21, 5-22와 같이 티타늄으로 된 드립쉴드(Drip Shield)를 설치한다[37].

이 처분 개념의 또 다른 특징은 처분 터널 내부의 냉각이 쉬워 약 50~150년 동안 강제 공기냉각 방식으로 냉각한 후 뒤채움재 없이 터널 입구와 진입로를 폐쇄하는 것이다. 이 방식은 그림 5-22와 같이 다양한 처분용기를 수용하면서도 매우 높은 처분 밀도는 물론 처분비용을 획기적으로 줄일 수 있는 방안이다[24,37,38].

캐나다에서도 사용후핵연료의 심지층 연구를 진행하고 있는데, 처분용기의 내부식성에 관한 연구와 공학적 방벽으로서의 점토질암 처분에

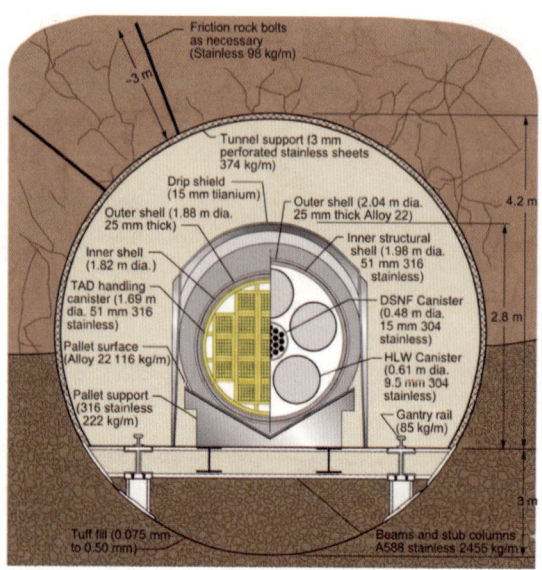

그림 5-21. 미국의 처분용기, 바닥 받침대 및 드립실드 개념도

(R. Rechard, M. Voegele, 논문자료 인용[37])

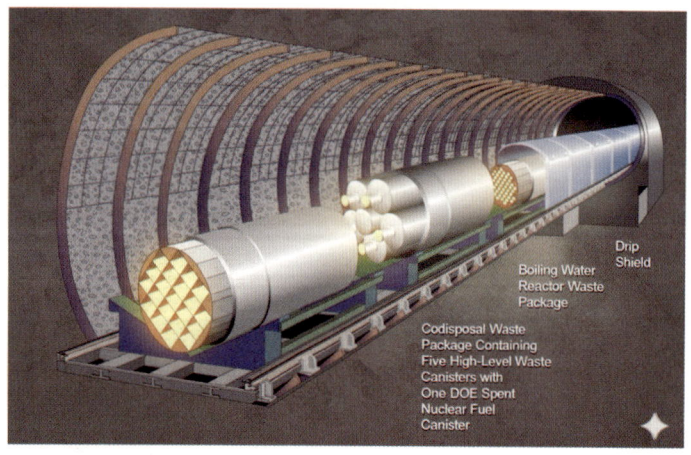

그림 5-22. 미국의 사용후핵연료 및 다양한 폐기물 용기 처분

(DOE/RW-0539-1 Report 자료 인용[38])

관한 연구에서 그림 5-23과 같이 핀란드, 스웨덴 방식의 수직 처분공과 스위스형 수평 처분공을 함께 검토하고 있다[39,40]. 심지층 처분방식에 대한 기본적인 내용은 핀란드식과 유사하면서도 처분용기에 대해서는 구리를 비롯한 구리 코팅에 대해 콜드 스프레이(Cold Spray)와 구리 도금 등 다양한 방법을 연구하고 있다.

또한 처분공과 관련해서는 위와 같은 수직 처분공, 수평 처분공 외에 직사각형 형태의 처분 박스에 담아 처분하는 방안도 검토 중이다[41]. 이 것은 캐나다의 CANDU 사용후핵연료가 길이가 약 50cm로 길이가 약 4.2m인 경우로 핵연료와는 구조적으로 큰 차이가 있기 때문에 경수로 사용후핵연료의 처분과는 차이가 있는 것이다.

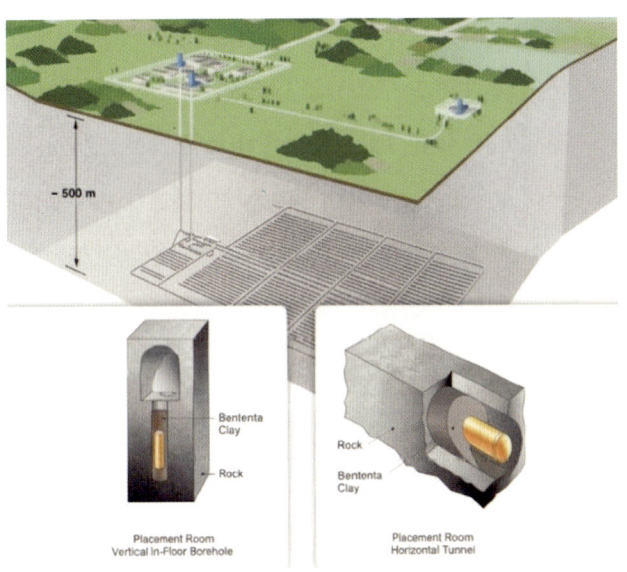

그림 5-23. 캐나다의 심층처분 방식과 처분용기 개념도
(P. Keech 논문 인용[39])

심지층 처분 방식 외에도 미국 샌디아국립연구소(SNL)[49]와 Deep Isolation[50] 등에서 지하 1~5km 정도의 심부까지 처분공을 뚫어 처분하는 심부시추공 처분(DBD)[51]에 대해서 연구가 진행 중이다[42~44]. 샌디아연구소의 수직형 심부 시추공은 지하 약 5km까지 수직공을 뚫고, 바닥의 결정질암 층에 약 1~2km 깊이로 처분용기를 안착한 후, 그 상부부터 지표면까지 약 3km 구간을 막고 뒤채움을 하는 방법이다. Deep Isolation의 방법은 그림 5-24와 같이 지하 1~3km 구간의 처분 적합 암반층까지 시추공을 수직으로 뚫은 후, 처분 층에서 약 1~2km 구간의 폐기물 처분 구간을 수평으로 뚫고, 여기에 저분용기를 안착시키는 방법이다[43,44]. 심부 굴착(시추)은 경사 굴착 기술(Directional Drilling Technology)을 이용하여 그림 5-25와 같이 여러 형태로 굴착할 수 있으며, 이미 석유산업에서 상용화가 된 기술이다. 이런 특성 때문에 Deep Isolation에서는 이 방법은 지질 구조에 적합하게 처분장을 수직, 경사, 수평 등의 형태로 설계할 수 있다고 한다. '대통령을 위한 물리학'의 저자인 Deep Isolation의 Richard Muller 박사는 국내 학회에서 발표는 물론 그림 5-26과 같이 국회 토론회에 참석하여 사용후핵연료와 고준위폐기물을 자연환경에서 훨씬 안전하게 이격시킬 수 있기에 안전성이 높고, 굴착 비용이 심지층 처분 굴착에 비해 훨씬 적게 들어 경제성이 높은 장점을 주장한다[44].

비록 심부시추공 처분이 생태계에서의 이격이 훨씬 커서 안전성이 높고, 심부 굴착 기술이 이미 상용화가 된 기술로 경제성이 높은 장점이 있다고는 하나 이 기술이 아직 처분 분야에서 적용한 예가 없다는 것이 가

....
49) SNL: Sandia National Laboratory(미국의 샌디아국립연구소)
50) Deep Isolation: 미국의 방사성폐기물의 심부시추공 처분 기술 기업
51) DBD: Deep Borehole Disposal(심부시추공 처분)

장 큰 과제라 할 수 있다. 다행히 Deep Isolation은 IAEA와 미국 EPRI, 호주의 CRISO 등 각국의 여러 기관과의 협업을 진행하고 있기에 시간이 좀 지나면 고준위 방사성폐기물 처분에 사용할 수 있을지 검토할 여건이 될 것으로 판단된다.

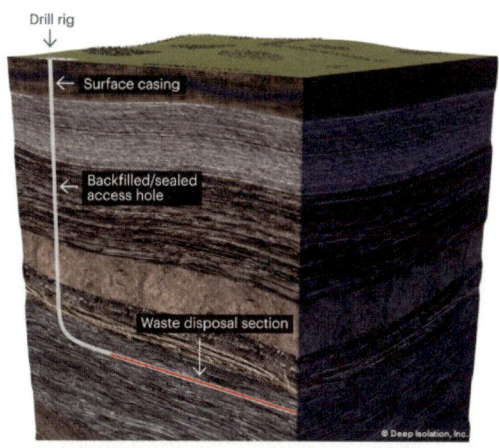

DEEP HORIZONTAL BOREHOLE REPOSITORY FOR NUCLEAR WASTE

그림 5-24. Deep Isolation의 심부시추공 처분 개념도
(Deep Isolation 제공[44])

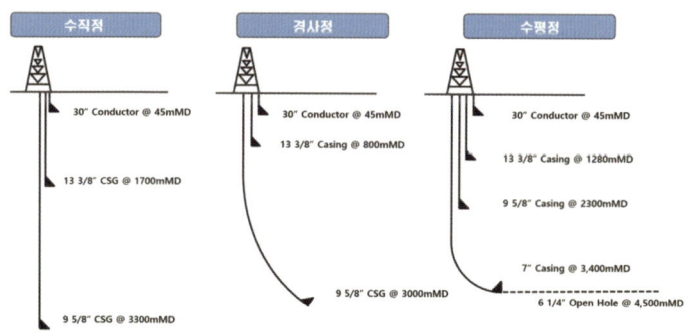

그림 5-25. 여러 가지 형태의 심부시추공 굴착도(한국 석유공사 제공)

그림 5-26. Deep Isolation Richard Muller 박사의 국회 발표
(맨 좌측, 2017년)

2

처분기술의 개선 방안 제안

2024년 7월 원자력학회 「사용후핵연료 관리방안 특별위원회」에서는 『한국형 고준위방사성폐기물 처분 솔루션』이란 보고서를 발간하였다 [24]. 그림 5-27은 특별위원회에서 제안한 한국형 심지층처분 개념도를 나타내고 있다. KRS-V1 시스템에서는 처분용기를 두꺼운 구리 라이닝을 고려하였으나, 이 보고서에서는 지하 500m 환원 환경에서 구리 5cm 두께는 과도하기에 1cm로 줄여야 한다고 하였다.

기존 핀란드, 스웨덴의 경우 처분 용기 1개당 4다발의 사용후핵연료를 처분하는 데 비해 처분 효율성을 높이기 위해 용기당 7다발의 사용후핵연료를 담도록 권고하였다. 처분용기와 암반 사이의 채움재인 벤토나이트 완충재의 최대 설계온도 제한치를 100℃에서 130℃로 상향하도록 하였다. 이와 같은 개선안을 적용할 경우 기존 핀란드 방식 대비 처분 면적을 70% 이상 줄이고, 경제성을 30% 이상 높일 수 있다고 판단하고 있다.

최상위 요건의 안전성에 관해서도 '외부 환경변화에 따라 회수 가능성을 확보해야 한다'고 하였다. 또한 원자력안전위원회에 최신 연구 성과, 과학 기술적 근거, 규제 기준과 안전 목표의 합리적 현실성 등을 고려하여 처분에 관한 안전 규제 체계 및 기준을 마련하여야 한다고 하였다.

이것은 처분에 관해 그동안 진행되어 온 일들이 연구 단계의 일이며, 세세한 규제나 안전 목표 등이 구체적으로 수립되어 있지 않기 때문이다. 이와 같이 지금까지 주어진 상황에서 원자력학회 특별위원회가 제안한 처분 솔루션은 비록 처분 방법은 그대로이지만, 기존의 핀란드 심지층처분개념 대비 상당히 발전된 안이라 할 수 있다.

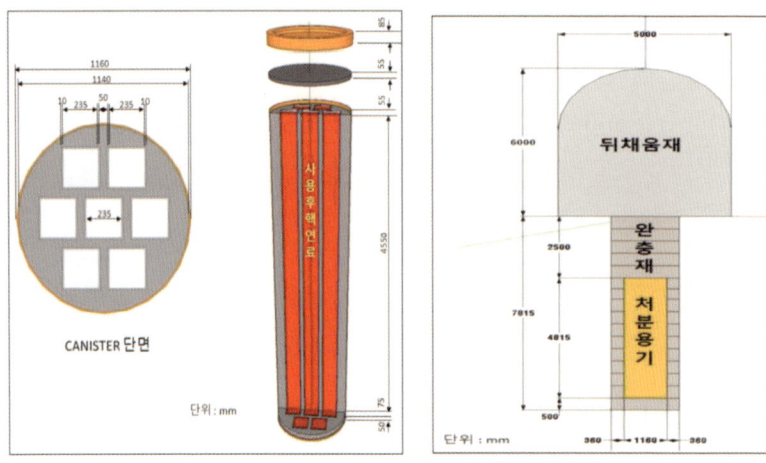

그림 5-27. 특별위원회 제안 한국형 심지층처분 개념
(원자력학회 특위보고서 인용[24])

그러나 이 보고서에서도『일부 국가는 발전된 처분기술을 반영하지 못하고 40~50년 전 개념을 그대로 따르고 있어 처분 효율이 낮다.』고 언급했듯이, 핀란드와 스웨덴의 기술이 최근 기술이 아니기 때문에 이런 정도의 개선 방안으로는 부족하다고 생각된다. 비록 핀란드가 처분을 진행하고 있다는 것은 중요한 판단기준이 될 수 있다고는 하지만, 이 기술보다훨씬 나은 기술의 적용을 막거나 주저할 이유가 없다고 생각한다. 단순

히 그들의 기술을 따라하기보다는 그들이 판단한 기준과 기술의 장점은 적용하되, 우리나라의 현실에 맞는 더 나은 안을 찾고 검증하여, 최종방안을 선택하는 것이 매우 중요하다고 판단한다.

사용후핵연료의 처분 기술은 핀란드, 스웨덴에서 채택하고 있는 심지층 처분 방식을 기본 처분 방식으로 고려하고, 원자력학회 사용후핵연료 관리방안 특별위원회에서 발간한 『한국형 고준위방사성폐기물 처분 솔루션』에서 제안한 방안과 같이 개선하는 것은 매우 큰 의미가 있다[24]. 왜냐하면, 30년 넘게 기존의 핀란드, 스웨덴 방식을 거의 벗어나지 못한 상태에서 70% 정도의 처분장 면적의 축소와 효율성 강화를 이끌어 내는 게 쉽지 않았기 때문이다.

따라서, 우리는 위와 같은 제안된 개선안을 중심으로 기본적인 처분기술과 처분장 확보를 위한 노력을 집중하되, 더 나은 처분기술의 확보를 위한 노력은 계속되어야만 한다. 이것은 몇 가지 면에서 큰 의미를 갖는다.

첫째, 우리나라는 전력 사용량이 매우 크고, 원전 이용률이 상당히 높기 때문에 사용후핵연료는 계속 발생할 것이므로 처분장 면적 저감과 처분 효율성 강화는 매우 중요하다.

둘째, 우리나라는 국토 면적이 작기 때문에 처분장 면적을 줄이고, 자연 환경을 보전하는 것은 매우 큰 가치를 갖는다. 단순히 경주 중저준위 처분장의 예를 보면 쉽게 알 수 있다. 당시 처분장을 확보하면 중저준위 폐기물 처분 문제가 다 해결될 것 같았지만, 벌써 확장을 해야만 하는 상황이다.

셋째, 과학기술은 계속 발전하고 있기 때문에 새롭게 발전된 기술을 수용할 수 있는 방안을 함께 고려하여야만 한다. 그림 5-28과 같이 2021년 12월 산업통상자원부에서 발표한 제2차 고준위 방사성폐기물 관리 기본계획(안)의 기본방향에서 밝힌 6대 관리 원칙에서는『기술발전 가능성과 안전성에 관한 여건 변화 등을 감안하여 의사결정의 가역성과 고준위 방폐물의 회수 가능성을 고려』하도록 하였기 때문이다[45]. 또한 산업통상자원부는 그림 5-29와 같이 핀란드식 심층처분의 다중방벽 시스템을 우선 고려하되, 기술적 대안(심부시추공 등)도 병행을 고려한다고 하면서, 자료의 내용이 추후에 달라질 수 있다고 언급하였다.

산업통상자원부의 자료에서 기본적으로 그림 5-1~4, 그림 5-29와 같은 핀란드식 처분 방법을 기본으로 발표한 것 외에도 방사성폐기물학회에서도 이 방법을 기반으로 한 발표가 주를 이루고 있다. 그러나 이러한 상황에서도 2007년, 2008년에 수평 처분과 수직 처분과의 관련한 비교를 통하여 경제성을 비교 평가한 논문이 발표되었다[46,47].

이 논문에서와 같이 수평 처분이 경제성이 좋다는 평가에도 불구하고 그동안 이에 대한 논의가 진행되지 않고 있었다. 아마도 핀란드, 스웨덴이 수직 처분을 채택하여 소위 검증된 기술이라는 점 때문에 기존에 처분 방식으로 발표한 방식과 다른 방식을 얘기하기가 어려웠을 것으로 생각된다.

그러나 다행히 수직 처분을 선택하고 있는 스웨덴의 SKB에서도 2008년 KBS-3H라는 수평 처분 방안에 대한 안전성 등의 평가를 수행한 바 있다[48~50]. 최근 수평 처분과 관련한 여러 논문과 원자력환경공단이 방사성폐기물 학회에서 발표한 자료에서도 수평형 처분 방식에 대해서도 언급된 바 있다[51,52]. 원자력학회의 특위 보고서에서도 외국의 사례에 대해 다루었으나, 핀란드식의 처분 방식을 중심으로 한 효율성 강화 방안을 다루었다.

따라서 이러한 KRS-V라는 기준 처분 방안 외의 다른 방안에 대해 심도 있게 검토하지 않았기 때문에 몇 가지 사안을 살펴봐야만 한다고 생각한다. 이러한 면에서 몇 가지 중요한 부분을 언급하고자 한다.

① 안전성 문제이다. 안전성은 동일한 심지층 처분인 경우라도 핀란드, 스웨덴의 KBS-3V 수직 처분공 방식과 KBS-3H 수평 처분공 방식에 대해서도 비교를 해 봐야 한다. 또한 핀란드, 스웨덴의 KBS-3H와 같은 수평 처분 방식은 물론 스위스 Nagra와 같이 처분 터널의 종 방향 수평 처분 방식에 대해서도 검토해야 한다. 터널 굴착 방법도 발파나 파쇄 공법을 이용하는 NATM[52] 방식에 비해 TBM 굴착방식을 이용하는 것은 굴착손상 영역(EDZ)[53] 발생이 적어 암반의 안전성을 보다 높일 수 있기 때문이다. 특히 NATM을 사용하여 굴착한 터널 면은 TBM 방식으로 굴착한 터널 면에 비해 굴착 손상 영역(EDZ)이 발달하여 락 볼트(Rock Bolts)와 숏 크리트(Shotcrete) 처리를 한다 해도, 핵종 이동을 억제하는 데 불리한 단점이 있을 수 있다[52].

....

52) NATM: New Austrian Tunnelling Method(신오스트리안 터널 공법), 터널을 굴착할 때 암반의 지지력을 최대한 활용하는 현대적인 터널공법
53) EDZ : Excavation Damage Zone(굴착손상영역), 터널을 굴착할 때 발생하는 암반의 손상 영역

1. 기본방향

가 6대 관리원칙

- 고준위 방폐물을 **국가 책임하에 안전하게 관리**하고, 안전관리에 관한 국내·외 규범을 성실하게 준수

- 고준위 방폐물을 생태·환경적으로 안전하게 관리하여 **국민의 건강과 환경에 대한 위해 방지**를 최우선으로 고려

- 고준위 방폐물 관련 **정보를 투명하게 공개**하고 국민과 주민의 **참여와 공감대** 속에서 신뢰를 제고

- 원자력발전의 혜택을 향유한 **현세대가 고준위 방폐물 관리책임을 부담**하고, **관리비용은 발생자가 부담**

- 고준위 방폐물의 운반·저장·처분능력 향상과 효율적 관리를 위해 **필요한 기술을 지속 개발**

- 기술발전 가능성과 안전성에 관한 여건 변화 등을 감안하여 **의사 결정의 가역성과 고준위 방폐물의 회수 가능성**을 고려

※ IAEA 방폐물 관리원칙과 재검토위 권고를 감안하여 1차 기본계획 대비 일부 수정

그림 5-28. 제2차 고준위 방사성폐기물 관리 기본계획(안)의 6대 관리원칙[45]
(산업부 발표자료 인용)

영구처분시설 * 고준위 방폐물을 인간의 생활권으로부터 영구 격리하는 시설

【 지하연구시설 실증연구 종료후 약 10년내 확보 】

부지확보	지하연구시설 건설·실증연구	영구처분시설 건설
	14년	10년

* (핀란드) `16년부터 영구처분시설 건설 중으로 `24년부터 운영이 목표
  (스웨덴) `11년부터 영구처분시설 건설허가 진행중으로 `30년대 운영이 목표

○ 핀란드식 심층처분에 활용되고 있는 **다중방벽시스템**을 우선 고려
  하되 기술적 대안(심부시추공 등)도 병행 고려

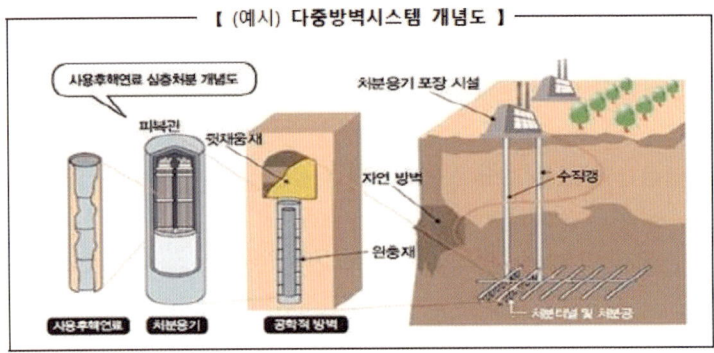

【 (예시) 다중방벽시스템 개념도 】

* **(4중 방벽)** ① 핵연료집합체, ② 주철-구리 처분용기, ③ 완충재 · 뒷채움재 ④ 천연암반

○ 처분용량은 **필요 수준으로 검토**하고 처분이 완료되면 **시설 폐쇄**

○ 여건 변화에 따른 **고준위 방폐물 회수 가능성**도 고려하고, **장기
  모니터링**을 통해 시설 안전성 지속 확인

* **주요국 장기 모니터링 기간** : (일본) 300년, (캐나다) 70년, (스위스) 50년

그림 5-29. 제2차 고준위 방사성폐기물 관리 기본계획(안)의 심지층 처분 방안(안) [45]
(산업부 발표자료 인용)

특히 스위스 방식은 처분공 직경이 약 2.5m로 소구경 TBM 굴착 방식만으로 진행이 가능하고, 굴착량이 현저히 적어서 안전성과 경제성이 높다는 이점이 있다[31,52]. 물론 TBM 공법의 적용은 조건이 맞아야 하며, TBM 기계 자체의 비용도 크기 때문에 여러 여건을 고려해야만 한다.

굴착 손상 영역이란 터널이나 공동을 굴착할 때 발파 또는 기계적 굴착으로 인해 주변 암반의 본래 성질이 변화하며 손상되는 구간을 말하며, 고준위 방사성폐기물 처분장의 안전성에서 매우 중요한 요소이다. 굴착으로 인해 주변 암반에 가해지던 기존의 응력이 재분배되면서 암반의 균형이 깨지고, 이로 인해 암반에 균열이 발생하거나 확장되어 응력의 재분배가 발생하며, 굴착 시 발생하는 충격(발파)이나 응력 변화가 암반의 강도를 초과하면, 기존의 미세 균열이 확장되거나 새로운 균열이 형성되어 암반의 투수성이 증가하고, 물리적, 역학적 특성이 변화한다. 따라서 굴착 손상 영역은 지하수 유입 증가, 방사성 핵종의 유출, 처분장 안정성의 저해 등 고준위 방사성 폐기물 처분장의 장기 안전성에 심각한 영향을 미칠 수 있어 특별한 관리 대상이 되는 것이다.

또한, 아직 구체적으로 추진되지는 않고 있더라도 미국 Deep Isolation에서 개발하고 있는 심부시추공 처분(DBD) 방식에 대해서도 검토해 봐야 한다. 심부시추공 굴착은 이미 석유 시추 산업에서 상용화된 기술로 처분 분야에서 적용하기엔 어떤 장점과 문제점이 있는지 살펴봐야 한다.

② 경제성 문제이다. 핀란드식 처분의 경우 수평의 진입 동굴의 굴착방식과 굴착 단면적은 스위스의 방식과는 큰 차이가 있다. 처분비용에 큰 비용이 소요되는 요소는 표 5-1과 같이 굴착 비용과 처분 터널 뒤채움, 벤

토나이트 블록, 터널 및 샤프트 뒤채움 등이다[53,54]. 그러므로 스위스 처분 방식의 경우 이들 비용에서 엄청난 차이를 나타낼 것이다. 또한, 비록 중단된 것이라도 미국의 Yucca Mountain 처분 방식의 장단점도 비교해 봐야 한다. 일반적으로 수직 터널의 굴착은 갱도 안에서 나오는 폐석인 버력을 처리하는 문제가 까다롭기에 수평 터널에 비해 굴착비용이 훨씬 더 든다.

(3) 처분용기의 문제이다. 핀란드, 스위스 방식은 처분용기를 별도로 사용하는 것이지만 미국의 Yucca Mountain 처분 방식이나 NUHOMS 방식은 처분용기를 저장용기와 연계하는 방법이다[15~17,24,37,38]. 또한 핀란드, 스웨덴은 구리 용기 내부에 주철 삽입체를 사용하고 있는데, 스위스에서는 탄소강 용기를 고려하고 있고, 프랑스도 재처리한 고준위 폐기물 처분용기 재질로 탄소강을 쓰고 있다[24,26,27,33,34]. 이와 같이 어떤 처분 방식을 채택하고, 어떤 재질을 사용하느냐에 따라 경제성이 크게 달라질 수 있는 것이기 때문에 이런 부분을 잘 검토해야 한다.

(4) 가장 중요한 요소로 고려해야 할 '회수 가능성'에 대한 부분도 함께 검토해야 한다. 이것은 더 좋은 처분 방안에 대한 문을 열어두는 매우 중요한 요소이다. 회수 가능성에 대한 사항은 뒤에서 자세히 다루고 있기 때문에 여기에서는 중요한 요소라는 정도만 언급하고 넘어가기로 하자.

이 책은 논문이나 기술보고서가 아니기 때문에 핵종 이동 등 세세한 내용들은 다루지 않지만, 위에서 말한 네 가지 요소만으로는 다 판단할 수 없는 한계가 있음을 미리 지적하는 바이다. 또한 상세한 내용에 대해서는 관계기관은 물론 다양한 토론의 장을 통해 논의되는 것도 바람직하다고 생각된다.

표 5-1. 처분 비용구조(지하시설 분야)

지하 시설		
투자비	지상 연계 시설	
	굴착 및 시설 건설	
	처분터널/처분공 건설	
	공기조화/파이핑/전기 시스템 등	
	공정장비/탐사/조사 시스템	
	관리비용/예비비	
운영비	처분터널 및 뒤채움	
	벤토나이트 블럭	
	처분터널 플러깅	
	인건비	
	에너지/용수 및 용수처리 비용	
	유지보수/조사/탐사비	
	보험 등 간접비/관리비/예비비	
	운영기긴	
폐쇄비	구조물 해체	
	터널/샤프트 뒤채움	
	샤프트 및 접근터널 플러깅	
	샤프트/접근터널 벤토나이트 플러깅	
	관리비/예비비	

가. 수평처분과 수직처분 방식에 대한 비교 검토

현재 기준 처분 방식으로 고려 중인 핀란드, 스웨덴의 심지층 처분 방식은 지하 500m 깊이의 처분 터널을 뚫고, 수직의 처분공을 뚫어 처분 용기를 매립하는 방식이다. 그러나 일반적으로 수직 동굴의 굴착은 수평 동굴의 굴착보다 약 3배 더 많은 공사비가 발생될 수 있다고 한다. 이는 수직 동굴의 굴착이 버력(Excavated Rock)[54]의 처리 문제와 수평으로 굴착하는 것보다 더 까다롭고, 발파 방법 등 공법이 달라지기 때문에 더 큰 비용이 든다. 특히 굴착량이 많아질수록 비용 차이는 더 크게 난다.

최근 이와 같은 지하 500m의 심지층 방식에 대해서도 기존 핀란드, 스웨덴 방식뿐만 아니라 수평 처분 방식에 대해서도 연구가 진행 중인데, 그림 5-30과 같은 스웨덴, 핀란드 방식을 기준으로 한 수평 처분은 물론, 스위스와 같은 길이 방향으로의 수평 처분에 대해서도 적극적으로 평가해 봐야 한다[31,32,48~50]. 그림 5-30은 스웨덴 SKB에서 2008년 발표한 KBS-3V(좌) 수직 처분과 KBS-3H(우) 수평 처분 모델을 나타내고 있다 [48~50]. 수평 처분은 그림 5-31과 같이 처분 터널에서 터널 축과 수직 방향으로 300m 길이의 약간 상향으로 경사진 처분공을 뚫고, 그림 5-32와 같이 사전에 구리 처분용기의 주변을 벤토나이트를 충진한 '수퍼 컨테이너(Supercontainer)'에 담아 처분한다. 수직 처분은 구리 캐니스터를 수직 처분공에 매립하면서 별도의 컨테이너를 쓰지 않는다. 여기서 쓰는 처분 용기인 캐니스터는 수직형과 동일한 것을 사용한다[48].

....

54) 버력(excavated rock): 발파나 기계식 터널 굴착 시 발생하는 돌 부스러기, 암석 조각 등을 말함

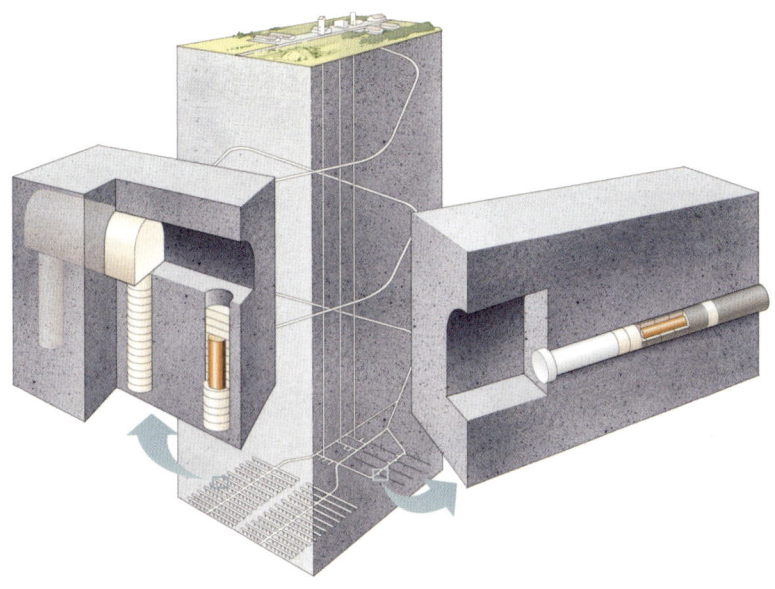

그림 5-30. SKB의 KBS-3V(좌) 및 KBS-3H 처분방안
(스웨덴 SKB 제공)

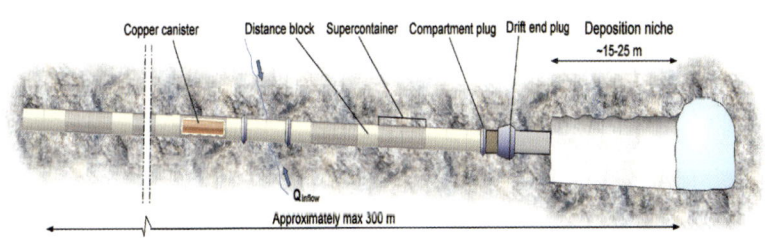

그림 5-31. SKB의 KBS-3H 수평처분 개념도
(스웨덴 SKB 제공)

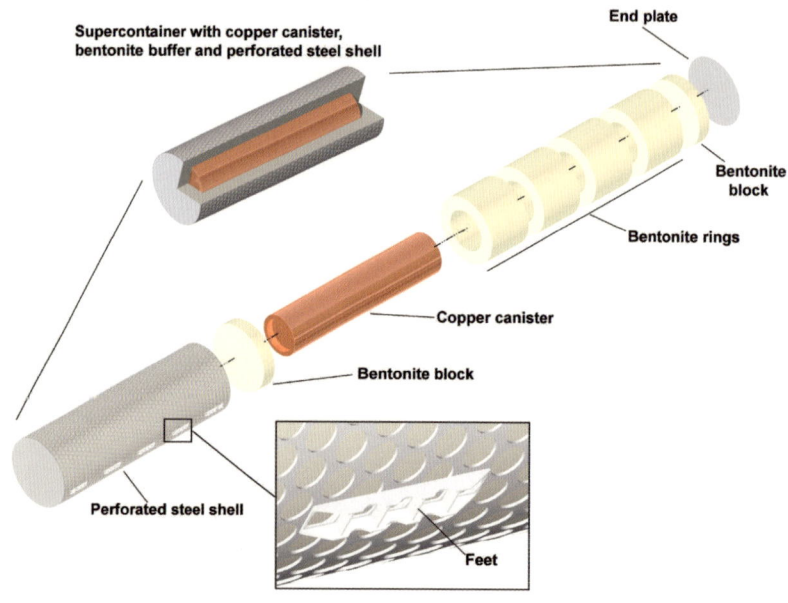

그림 5-32. SKB의 KBS-3H 수퍼컨테이너(스웨덴 SKB 제공)

또한 캐니스터와 캐니스터 사이는 디스턴스 블록(Distance Block)을 삽입하여 캐니스터 사이에 일정한 간격을 유지하는 역할을 한다. 그림 5-32에서 보듯이 KBS-3H에서 사용하는 수퍼 컨테이너는 캐니스터를 환형 벤토나이트 블록으로 둘러싸고, 이를 완전하게 형태를 유지하며 처분공에 약 4cm의 균일한 원형 틈(Gap)을 유지하게 하는 강철 망으로 둘러싼 형태이며, 양 끝에는 끝판을 결합하는 형태이다[48, 49].

수직 방향의 캐니스터 안착은 그림 5-5~7에서 보인 바와 같지만, 수평 방향의 안착은 수평형 터널에서 캐니스터를 인양하기 어렵기 때문에 그림 5-33의 중간 그림과 같이 인양 쿠션(Lifting Cushion)들을 이용하여 엷은 수막 위에 띄운 상태에서 밀어서 삽입하는 방법을 이용한다. SKB는

그림 5-34와 같은 캐니스터 안착 기계를 이용한 거치 실험을 통해 수평 방식에서 사용되는 이 수퍼 컨테이너가 운반이나 취급 중에 건전성이 손상될 위험이 없다는 것을 입증하였다[49]. 이 개념은 처분 터널을 기존과 같이 뚫고, 그 처분 터널에서 좌우로 수평 방향으로 처분공을 뚫어서 처분하는 방법이다.

이와 같은 방식을 사용한 처분 방식은 처분 동굴 내에서 처분 캐니스터를 수직 또는 수평 방향으로 회전시켜 처분공에 안착시켜야만 하며, 그림 5-7이나 5-34와 같은 처분용기 안착 차량이 필요하다[49, 50]. 경수로 핵연료 집합체의 길이가 약 4m가 넘기 때문에 처분 용기의 길이는 약 5m에 가깝게 설계된다[47]. 따라서 처분 용기를 수직으로 세워서 처분하기 위해서는 적어도 터널 높이가 처분 용기보다 커야 한다. 이는 처분을 위한 터널의 굴착량이 커지는 주요 원인이 되고 있다. 따라서 기존 처분 방안에는 물론 원자력학회 특별위원회에서 제안한 개선 방안에서도 처분 터널의 폭이 5m, 높이가 6m이며, 처분공은 직경이 1.9m에 깊이가 약 7.8m에 이르는 것이다[24, 29, 30, 49].

한편, 그림 5-30의 우측과 같은 수평처분 방식에서도 접근 터널(Access Tunnel)[55]에서 수평 처분공(Disposal Borehole)으로 삽입되기 위해서는 접근 터널의 폭은 긴 처분 용기의 회전이 가능할 정도로 폭이 5m 이상으로 넓어야 한다. 그림 5-34와 같이 캐니스터를 삽입하는 차량도 터널 내에서 회전하여 처분공으로 들어가야 하므로, 이는 수평 터널을 따라 이송한 후 수직 처분하는 방식에서도 발생하는 공통적인 단점이기도 하다[48~50].

....

55) 접근 터널(Access Tunnel): 터널 굴착 차량이 지하 처분장까지 접근할 수 있는 터널로 처분장의 건설에 필요한 모든 장비의 진출입 터널

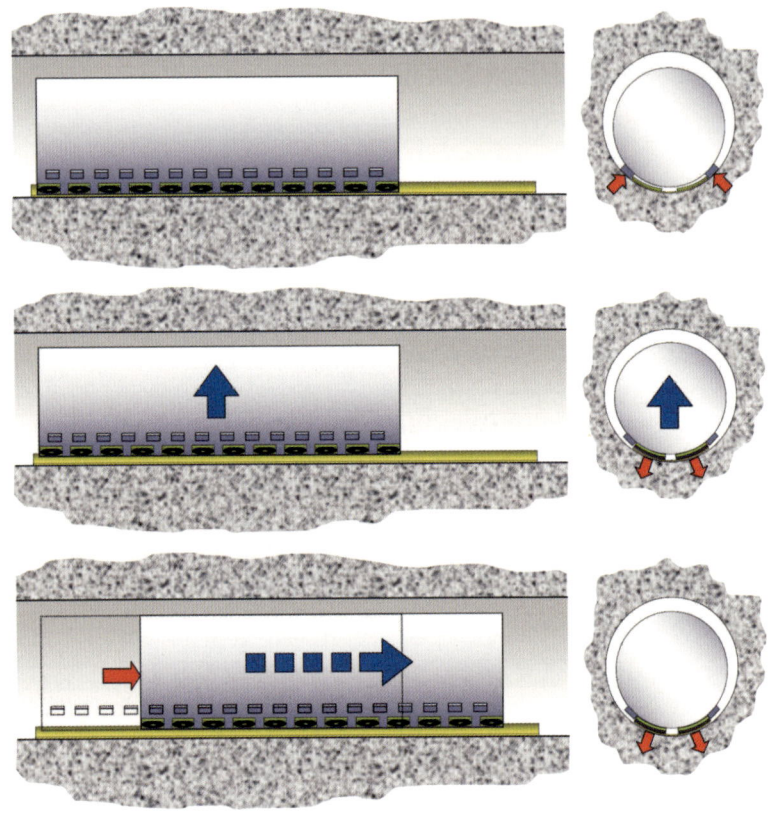

그림 5-33. SKB의 KBS-3H 수퍼컨테이너 안착 개념도(스웨덴 SKB 제공)

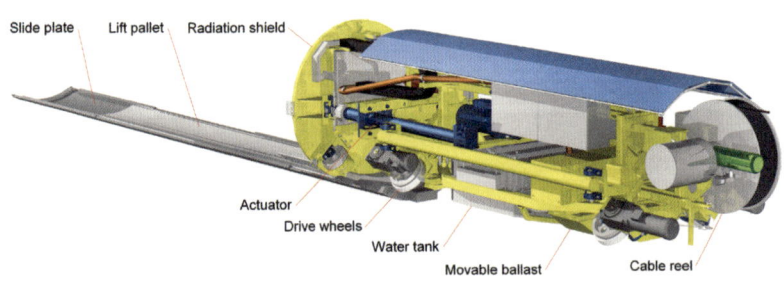

Slide plate Lift pallet Radiation shield

Actuator
Drive wheels
Water tank
Movable ballast
Cable reel

그림 5-34. SKB의 KBS-3H 수퍼컨테이너 취급 차량 개념도(스웨덴 SKB 제공)

따라서 이와 같은 핀란드, 스웨덴 방식의 처분 방안은 접근 터널의 폭과 높이가 커지는 단점이 있으며, 특히 상부는 원형이 되더라도 바닥 부분을 편평하게 해야 하므로, TBM 방식의 굴착이 아닌 터널의 단면 형상을 자유롭게 할 수 있는 발파에 의한 NATM 방식을 쓸 수밖에 없게 된다.

스위스 Nagra의 처분 방식은 그림 5-8, 5-9에서 이미 살펴본 바와 같이 처분 터널의 길이 방향의 수평 처분 방식이며, 다중방벽 시스템 또한 핀란드, 스웨덴의 개념과 똑같다는 것을 확인하였다[31,32]. 그림 5-12, 5-13에서와 같이 스위스의 처분 개념은 처분 용기(캐니스터)를 처분 동굴에 진입시킬 때부터 수평 상태로 눕혀서 진입시키기 때문에 처분 동굴의 크기를 작게 할 수 있는 것이다. 즉, 스위스 처분 방식의 가장 큰 특징이며, 장점은 직경 약 2.5m의 수평의 처분공을 직접 이용하여 처분 용기인 캐니스터를 처분하는 것이기 때문에 처분용 터널에 추가의 터널을 굴착할 필요가 없다는 것이다.

수직 처분 방식의 경우 그림 5-2에서와 같이 처분공의 간격이 9m인데 반해 스위스 방식의 처분 캐니스터 간 간격은 그림 5-11에서와 같이 약 8m로 처분 용기 간 간격에서는 큰 차이가 없다는 것이다[31]. 처분공의 직경은 약 2.5m로 핀란드, 스웨덴 방식의 처분공 직경 1.9m에 비해선 약간 큰 편이지만, 터널을 뚫는 방식이 수직보다 수평이 훨씬 쉽고, 저렴하다는 면에서 경제성이 훨씬 높다고 할 수 있다.

또한 스위스의 처분 방식은 SKB의 수직/수평 처분에 비해 그림 5-27의 우측 상부의 처분 터널과 같이 폭 5m, 높이 6m의 단면적이 약 27.3 ㎡의 처분 터널의 굴착이 필요 없게 되고, 이런 아치형 터널을 굴착하지 않는 만큼 안전성과 경제성이 증가한다. 또한 뒤채움재 소요량이 훨씬 줄어들게 되어 경제성에서 상당한 차이가 나게 된다. 다만, 스위스의 수평 처분 방식에 있어서도 처분 캐니스터를 반입하고, 처분공에 수직으로 회전하기 위해서는 그림 5-35의 굵은 선(녹색)으로 표시된 부분과 같은 접근터널은 직경이 약 5m 정도의 크기를 가져야 하며, 이 터널의 굴착은 처분공보다 직경이 큰 TBM을 이용해서 굴착하여야 할 것이다[31]. 그렇다고 해도 이는 수직 처분이든 수평 처분이든 모든 방식에서 접근 터널을 크게 뚫어야 하기 때문에 이와 같이 대형 처분 터널의 양이 절대적으로 줄어들게 됨을 알 수 있다. 따라서 이러한 방법은 수평의 축방향 처분 방식이 다른 처분 방식보다 안전성과 경제성 측면에서도 매우 우수할 것으로 판단된다. 수평처분 방식은 소구경의 TBM 굴착 방식만으로 굴착이 가능하기 때문에 표 5-1의 처분비용 구조에서의 굴착비용의 중요성과 그림 5-36의 비교표에서 보듯이 굴착량이 줄어 경제성과 안전성이 매우 높은 방법임을 알 수 있다[52,53,54].

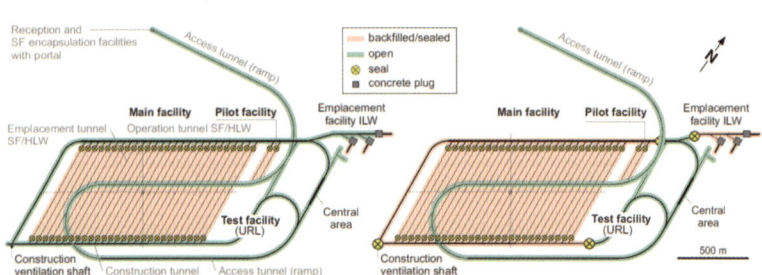

그림5-35. 스위스 처분장의 접근터널(녹색) 및 처분공(실선)
(스위스 Nagra 제공[31])

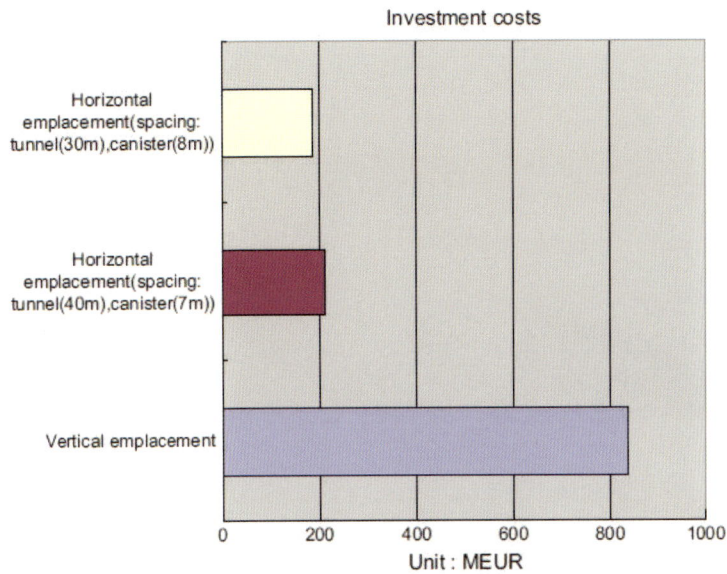

그림5-36. 수평·수직처분 방식의 투자비용 비교표(참고논문 인용[46])

물론 자세한 내용은 기본적인 설계안을 갖고 전문업체가 비용을 산출해서 비교해야만 정확히 알 수 있는 것이기에 여기서는 매우 개략적인 비교에 그칠 수밖에 없다.

수직 처분방식의 장점으로는 중력의 도움으로 처분용기와 완충재를 수직공에 적층하여 메우기 쉽다는 것을 들 수 있으며, 수평 처분방식은 처분용기 및 그 주위를 감싸는 완충재를 채워넣기에 까다롭다고 할 수 있다. 그래서 스웨덴 SKB와 핀란드 Posiva가 수직처분 방식인 KBS-3V를 선호한다고 한다[52]. 그림 5-37은 스웨덴 KBS-3V 방식의 터널 내 안착과 뒤채움 작업 개념을 나타내고 있으며, 그림 5-38은 SKB의 처분터널의 터널의 단면과 길이 방향에서의 뒤채움 상태를 나타내고 있다[26].

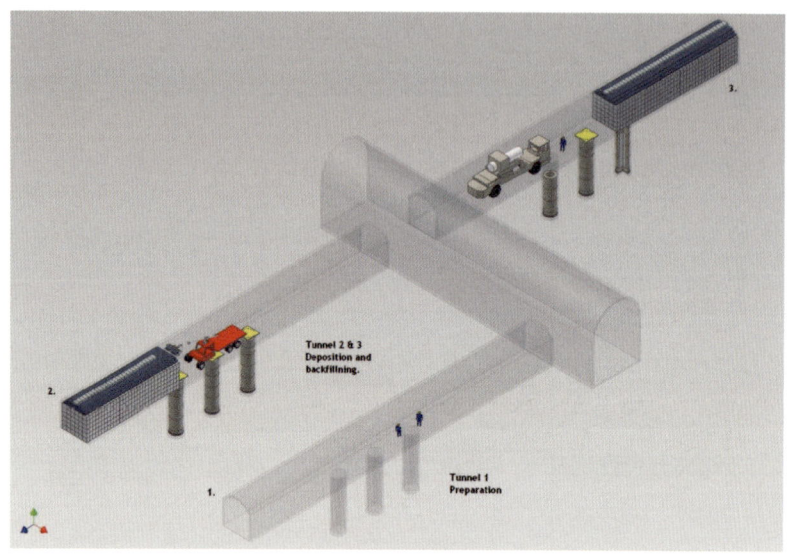

그림 5-37. 스웨덴 SKB의 처분 터널에서의 작업 개념도(스웨덴 SKB 제공[28])

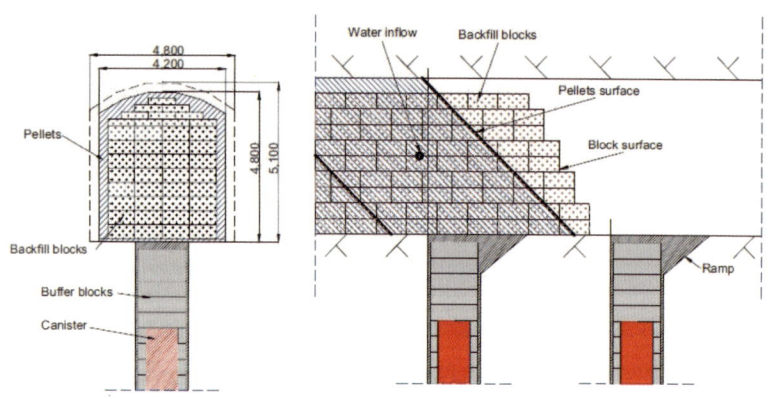

그림 5-38. 스웨덴 SKB의 처분 터널에서의 뒤채움(스웨덴 SKB 제공[28])

한국형 심지층처분 개념인 그림 5-27의 처분터널 크기가 폭 5m, 높이 6m인데 실제 크기가 실감이 나지 않을 것이다. 그림 5-6의 처분 캐니스터 안착 모습과 그림 5-7의 캐니스터 안착 차량을 캐니스터의 실제 크기와 가까운 경수로형 사용후핵연료 4다발을 담는 KSC-4 수송용기와 비교해 보면 그림 5-39와 같다. KSC-4 수송용기는 길이가 4.8m, 직경이 1.2m 처분 캐니스터와 비슷하다. 이런 크기의 차량이 이런 크기의 캐니스터를 처분 터널 내에서 수평에서 수직으로 90° 회전하여 안착시키는 것이다. 그림 5-38에서 처분공의 우측 일부에 경사면(Ramp)을 둔 이유는 처분 터널 내부에서 처분용기를 수평으로 갖고 들어와 90° 회전하여 수직으로 안착시킬 때 회전반경 때문에 처분공의 일부를 경사지게 파내는 것이다. 이런 규모의 처분 터널을 굴착하는 것은 충분히 재고해 봐야만 한다.

그림 5-39. SKB의 처분용기 안착 차량과 캐니스터 크기 비교
(스웨덴 SKB 제공)

스위스의 길이 방향의 수평 처분방식에서는 그림 5-8, 5-9, 5-12, 5-14 와 같이 사전에 제조된 벤토나이트 블록인 안장(Saddle)에 캐니스터를 올려놓고, 캐니스터 안착 후 나머지 부분에 벤토나이트 입자를 채우는 것이다[31,32]. 이와 같은 과정은 그림 5-13, 5-14에 나타낸 개념도와 같으

며, 그림 5-16은 스위스 Nagra의 처분터널 내 벤토나이트 뒤채움 실험 장면을 나타내고 있다. 처분공을 그림 5-11과 같이 수평에서 4%~6% 정도 기울도록 하기 때문에 모든 장비는 레일 트랙에 올려지고 전동기와 윈치에 의해서 구동된다. 이 경사는 처분 용기의 안착을 쉽게 할 뿐만 아니라 자칫 벤토나이트가 제대로 채워지지 않고, 상부에 갭이 생기지 않게 하는 기능도 함께 하는 것이다. 이 실험 결과 벤토나이트에 대해 요구되는 밀도를 만족하는 것으로 나타났다[31,32].

스위스 Nagra 처분 방식과 같이 처분 터널 길이 방향으로의 수평 처분 방식은 터널을 굴착하고 나면 추가의 수평이나 수직 방향으로의 처분공을 뚫을 필요가 없다. 구조적 안전성 면에서는 터널이 원형이고 직경이 적을수록 안전하기 때문에 모서리가 각져 있고 접근 터널에 수직이나 수평의 처분공을 뚫는 방법은 이 불연속 부분에 응력이 집중되기 때문에 안전성 면에 있어서 취약할 수밖에 없다. 똑같은 양의 사용후핵연료 집합체를 처분하더라도 수직 처분보다 수평 처분의 단위 굴착량이 상당히 줄어듦을 확인하였다[52]. 이는 표 5-2에서 쉽게 볼 수 있는 바와 같이 우리나라는 스웨덴이나 핀란드에 비해 국토 면적은 1/3에서 1/4 정도로 작은데 비해 인구밀도는 매우 높아서 처분장 면적을 줄이는 것은 안전성을 높이는 것 못지않게 매우 중요한 요소라 할 수 있다.

이와 같은 비교를 통해 수평 처분이 안전성과 경제성이 훨씬 높음을 알 수 있기에 세세한 내용들을 객관적인 검토를 통하여 처분 방식을 결정해야만 한다.

표 5-2. 스웨덴, 핀란드와 우리나라의 면적 및 인구밀도 비교

국가	처분소요면적(km^2)	전체 국토면적(km^2)	인구밀도(명/km^2)
스웨덴	3.6	450,295	23
핀란드	2.0	338,424	16
대한민국	4.6	100,363	507

나. 안전성 문제에 관하여

수평 처분과 관련된 안전성 문제에 대해서는 앞의 수직 처분과의 비교에서도 이미 언급한 바 있다. 즉, 처분 동굴이나 처분공의 크기가 크고 굴착 방법에 있어서 발파 공법을 사용할 경우 굴착 손상(영향) 영역(EDZ)이 발생하여 처분 터널의 표면 근처의 영역에서의 THMC[56] 복합거동에 영향을 미치므로 안전성은 떨어지며, TBM 방식으로 직경이 작은 원형 터널을 굴착 할수록 안선성이 향상되고 경제성이 높은 것은 낭연한 일이다. 여기서는 이밖에 간과해서는 안 될 안전성 측면을 추가로 언급하고자 한다.

그림 5-40은 수직 처분 방식의 개념도를 나타내고 있는데, 그림 가장 우측이 처분장의 개념도를 잘 보여 주고 있다[56]. 이와 같이 처분 터널 내의 바닥에는 수직의 처분공들이 약 9m 간격으로 배치되어 있기에 처분 터널과 처분공의 인접한 부분의 불연속 부분에는 응력이 많이 집중될 수밖에 없다.

그림 5-41은 처분 터널 중앙부 단면에 발생하는 응력분포를 나타내고 있는데, 하부 바닥의 모서리 부분에 응력집중이 발생하는 것을 알 수 있다[57]. 이와 같이 수평 방향과 수직 방향으로 발생하는 응력의 크기에도 약간의 차이가 있지만, 처분 터널과 처분공과의 인접 부위에 응력이 집중되는 것을 알 수 있다[58].

안전성 문제에 대해서는 암석에서의 기계적 응력 발생과 응력집중뿐

....

56) THMC: 터널에서의 열(Thermal), 수리(Hydraulic), 역학(Mechanical), 화학적(Chemical) 복합거동

만 아니라 처분 용기 내의 사용후핵연료에서 발생하는 열에 의한 영향과 벤토나이트 등의 채움재와 심층에서 발생하는 압력 등에 의한 영향, 처분 터널의 굴착 방법과 보강 방법 등에 따른 안전성의 차이 등을 종합적으로, 면밀하게 검토해야만 한다.

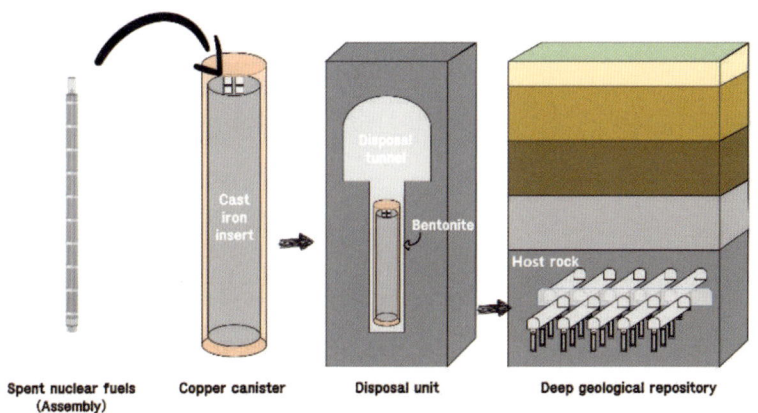

그림 5-40. 수직처분 방식의 개념도(참고논문 인용[56])

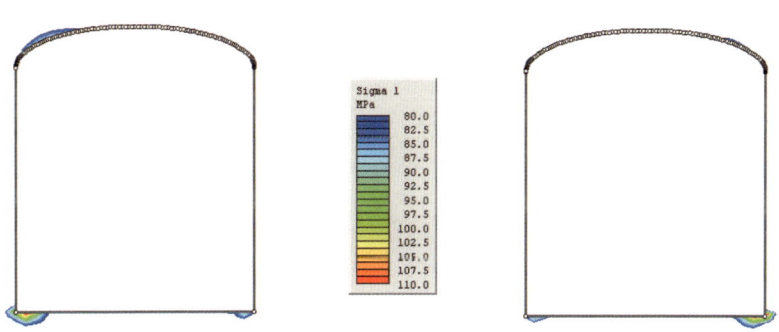

그림 5-41. 수직처분 방식의 접근 터널의 응력분포도
(스웨덴 SKB 제공[57])

그러나 이러한 복합적인 거동을 판단하기에 앞서 터널의 굴착 공법에 따른 굴착 손상 영역의 비교만으로도 쉽게 안전성에 대한 비교가 가능하다. 그림 5-42는 결정질암에서의 드릴(Drill)과 발파(Blast) 굴착을 한 D&B터널[57]과 TBM 굴착을 한 TBM터널[58]에서의 터널 굴착 방법과 터널 형사의 사이에서 발생하는 손상영역의 차이를 비교한 것이다[59,60]. 발파를 사용한 D&B 터널은 TBM 터널에 비해 고도 손상영역(HDZ)[59]과 건설-영향 굴착 손상 영역(EDZCI)[60]이 훨씬 큼을 알 수 있다. 특히, 그림 5-42에서 D&B터널의 우측 하단과 같이 TBM이나 드릴을 쓸 수 없어서 발파로 굴착해야 하는 경우 발파-유도 손상영역(BIDZ)[61]이 크게 발생함을 알 수 있다.

지하 약 500m인 심지층 처분 터널에서는 심도에 따른 높은 압력으로 인해 스폴링(Spalling)[62] 등과 같은 고도 손상 영역이 공동 주변에 국소적으로 발생하게 된다. 고도 손상 영역은 공동 주변에 광범위하게 발생하지는 않지만, 국부적인 해당 영역에서의 강도와 투수 특성의 변화는 매우 크다. 터널 굴착에 따른 응력 재분배는 직경 5m의 처분 터널 주변 2~3m 범위에서 강도보다 높은 응력으로 인해 비가역적 물성 변화가 발생하는 응력-유도 굴착 손상 영역(EDZSI)[63]이 형성된다[59,60].

이러한 터널의 형상에 따른 응력 재분배와는 별도로 터널의 굴착방식

----

57) D&B 터널: Drill과 발파로 굴착한 터널
58) TMB 터널: TBM으로 굴착한 터널
59) HDZ: Highly Damazed Zone, 고도 손상영역
60) EDZ_{CI}: Construction-Induced Excavation Damaged Zone, 건설-유도 굴착손상영역
61) BIDZ: Blast-Induced damage Zone, 발파-유도 손상영역
62) 스폴링(Spalling): 터널 표면이 작은 조각으로 떨어져 나가는 현상
63) EDZ_{SI}: Stress-Induced EDZ, 응력-유도 굴착손상영역

에 따른 영향 영역이 발파 굴착과 TBM을 이용한 기계 굴착에서 서로 다르게 나타난다. 발파 굴착이 드릴 굴착에 비해 상대적으로 영향 영역이 넓게 형성되고 연약 면이 발달된 지역에 폭약의 에너지가 집중되어 매우 심각한 암반 물성 변화를 초래할 수 있다. 일반적으로 발파 굴착에 의한 영향 영역 범위는 각각 터널 주변 100~138cm이며, 기계 굴착에 의한 영향 영역 범위는 수 cm 내외로 발파에 의한 영향에 비해 무시할 만한 수준으로 알려져 있다. 그림 5-42에서 보듯이 터널의 표면에는 굴착 방법에 의한 손상 영역의 차이가 크게 나타나므로 TBM 굴착이 안전성이 더 높음을 알 수 있다[59,60,61].

이상과 같이 터널의 형상에 따라 굴착 방법이 달라지고, 발파 굴착을 하면 고도 손상 영역 발생이 많아지게 되고, 그림 5-40, 5-41과 같은 형상의 터널에 대해서는 응력집중에 의한 응력 유도 손상 영역이 발생하게 되므로, 터널의 굴착 방법과 형상에 따른 안전성이 크게 달라지는 문제도 중요한 요소로 고려해야 한다.

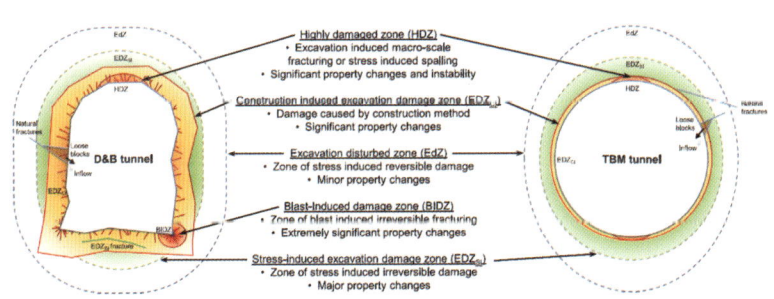

그림 5-42. 터널의 발파와 드릴 공법에 따른 EDZ 비교
(Siren et al., 2015 논문인용[59], ELSEVIER 제공)

다. 처분용기에 관하여

스위스의 사용후핵연료를 비롯한 모든 방사성폐기물의 처분을 담당하고 있는 Nagra는 2010년경부터 사용후핵연료와 고준위방사성폐기물(HLW)의 처분용기인 캐니스터 재질로 탄소강과 구리에 대해 검토하고 있다[33,34].

핀란드 Possiva와 스웨덴 SKB는 2009, 2010년에 내부에 주물 삽입체(Cast Iron Insert)를 사용하는 구리 용기를 신청하고, 50개가 넘는 원형 캐니스터를 제작하였다. 우리나라도 그동안의 연구에서 이와 같은 구리 또는 구리 코팅의 처분 용기를 기본으로 고려하고 있다[24,26,55].

반면 탄소강에 대해서는 실물 크기의 용기를 제작하는 데는 제한이 있지만, 기본적인 제작이나 용접 측면에서는 산업계에서 기본적인 기술이 확보되어 있어, 내외부의 하중과 제조 중 용접, 취급 등에서의 건전성 등 밀봉된 격납을 최소 1,000년을 유지하는 데 대한 연구를 진행하고 있다 [33,34].

스위스 Nagra의 기술보고서에 의하면 캐니스터에 대해 30개의 설계 요건(Design Requirements)을 개발하고 충분한 여유를 갖도록 하였고, 스위스 연방 원자력안전위원회(ENSI)[64]에서 처분 용기에 대해서 최소 1,000년의 수명(Canister Lifetime)을 요구하고 있다[33]. 처분 캐니스터의 수명(Canister Lifetime)은 30개의 설계요건 가운데 1번으로 선정하였고, 설계요건 2번으로는 장기 건전성(Long Term Integrity)을 선정하였는

---

64) ENSI: Swiss Fedral Nuclear Safety Inspectorate

데 이를 위해 사용후핵연료와 고준위폐기물 처분용기의 설계 목표수명 (Design Target Lifetime)을 10,000년으로 설정하였다. 이것은 설계요건 1번에 비해 상당한 안전여유를 갖는 것이다. 탄소강 재질의 캐니스터의 부식에 대한 평가에서도 설계 목표수명 1,000년을 넘어서서 10,000년 후의 부식 두께가 약 20mm로 예측하여 10,000년 내에는 구조적 건전성을 유지할 것으로 예측하였다. 이에 반해 스웨덴, 핀란드의 구리 처분용기에 대해서는 최소 100,000년간 내부식성을 유지하는 것으로 예측하고 있다[33].

이와 같은 처분용기를 검토할 때 내부식성 하나만을 보고 판단할 것은 아니라고 생각한다. 가장 중요한 것은 처분용기에 대한 설계요건을 어떻게 설정할 것인가를 우선 결정해야만 한다. 즉, 얼마의 수명을 견디도록 할 것이며, 어떤 항목이 더 우선해서 중요한 것인가를 이와 같은 설계 요건에서 결정하며 종합적인 판단으로 재질을 결정해야 한다는 것이다.

구리는 비록 내부식성이 좋으나 강도가 약하고 가격이 매우 비싸다. 반면 탄소강은 강도는 우수하나 내부식성이 구리보다 약하다. 그러나 심지층 처분은 일반 대기환경에서 방치하는 것이 아니라 환원 환경인 지하 500m의 심지층에 처분하며, 주변을 물이 쉽게 침투하지 못하는 화강암반 층에 처분하며, 처분용기와 처분공 사이의 틈을 벤토나이트로 채우기 때문에 실질적으로 부식이 쉽게 발생하지 않는 환경임을 고려해야 한다. 스위스는 물론 재처리한 고준위폐기물을 처분하는 프랑스도 그림 5-18과 같이 탄소강 용기를 사용하고 있음을 참고할 필요가 있다.

설계수명을 결정하는 데 있어서 중요한 요소 중 하나는 그림 5-28의 산업자원부에서 제시한 6대 관리 원칙 가운데 하나인 '회수 가능성'이다

[45]. 우리가 비록 현재로선 직접 처분을 하더라도 원자력 발전을 지속하는 한 사용후핵연료의 발생은 계속될 것이고, 과학기술은 계속 발전할 것이기에 더 새로운 기술이 검증되면 이러한 방법으로 다시 처분하기 위해 기존에 처분된 처분용기를 회수해야 할 가능성이 높다. 우리는 이와 같은 처분용기의 설계수명을 결정하는 데 있어서, 누가 어떻게 결정해야 할지도 생각해 봐야 한다. 스위스의 경우와 같이 원자력안전위원회에서 개입하듯 우리나라도 규제기관에서 최소 수명요건에 대한 것을 함께 결정하는 것도 인허가를 준비해야 하는 사업자 입장에서는 큰 도움이 될 수 있다.

우리는 충분한 안전을 추구해야 하지만 아무 의미 없는 지나친 안전은 국민의 혈세만 낭비하는 어리석은 일이 될 수도 있다는 점을 간과해서는 안 된다. 따라서 이러한 캐니스터의 설계수명을 결정하는 일은 많은 논란을 가져올 수 있는 문제이므로 원자력계뿐만 아니라 많은 공학자 외에도 인문사회 분야 사람들의 참여를 통해 객관적인 검토를 거쳐 합리적인 방안을 찾아야 한다.

라. 회수성 문제에 관하여

그동안 처분 분야에서의 연구는 터널 내의 처분공에서의 처분용기와 터널에서 발생하는 열적, 방사선적 안전성 등의 영향 등에 집중되었으며 회수성 문제에 대해서는 많은 논의가 없는 상황이다. 수평 처분과 관련된 참고문헌에서는 수평 처분은 처분용기의 회수성에 어려움이 있다고 제시하였다[52]. 그러나 상세한 내용은 관련 전문가들의 의견을 들어봐야 하겠지만, 처분용기의 회수성은 수평 처분이 더 쉽고 안전하다고 판단된다.

회수성 문제는 비록 지금은 중요한 사안으로 평가받지 못할 수도 있지만, 회수 가능성은 두 가지로 생각할 수 있다. 첫째는 처분장 주변 환경의 모니터링 중 예상치보다 높은 방사선량율이 측정되어 처분용기나 처분장에 결함이 생겼을 수도 있다는 판단에 따라 이를 확인해야 할 필요성이 생겼을 경우이다. 둘째는 처분 또는 처리 관련 기술이 발전하여 처분이 된 이후 또는 처분이 진행되고 있는 중간에라도 기존에 처분한 용기를 회수해야 할 필요가 있을 때일 것이다. 첫 번째 경우보다는 두 번째 가능성이 더 높을 거라고 예상되지만, 어떠한 경우에라도 우리는 처분 방법에 따른 안전성과 경제성 외에도 회수성에 대해서도 철저한 검토가 필요하다.

그림 5-3~6에서와 같이 수직으로 처분된 처분용기를 회수하기 위해서는 폭 5m, 높이 6m의 처분 터널의 뒤채움재를 모두 걷어내야 하는 것은 물론, 다시 수직으로 안착된 처분용기 주변의 처분 공을 굴착해야 하기 때문에 회수성 문제는 KBS-3V와 같은 처분 방식이 가장 어려울 것으로 판단된다. 그에 반해 처분공 길이 방향으로의 수평 처분 방식은 그림 5-8,

5-9, 5-14, 5-31과 같이 수평으로 일정 높이로 안착된 처분용기 주변을 환형(Annular Type) 굴착을 통해 처분 용기를 손상시키지 않으면서 쉽게 굴착하여 회수할 수 있다.

또한 터널이나 용기의 안착 형태와는 별도로 처분용기가 구리일 경우 구조적 강도가 약해 용기의 인출 및 인양 등에 어려움이 있을 수 있으나, 탄소강인 경우 구조적 강도가 강해서 인출과 취급이 훨씬 쉬움을 간과해서는 안 된다.

Deep Isolation에서는 축소 모형을 사용하여 심부시추공에 처분했던 처분용기를 회수하는 실험을 수행한 바 있다. 이것은 심부시추공 처분 방식이 심지층 처분 방식에 비해 회수성이 어려운 것을 알고 있기에 이런 검증을 하는 것이다. 심지층 처분(DGD)의 경우에도 수직 처분과 수평 처분 방식에 대해 회수성을 검증해야 한다. 따라서 앞에 제시된 몇 가지 가능성 있는 처분 대안에 대한 회수성을 객관적으로 검증해 봐야 한다.

마. 연계성 문제에 관하여

우리나라는 저장 문제를 다루는 한수원과 처분을 다루는 원자력환경 공단 및 연구원이 각자 따로 업무를 추진하고 있기 때문에 연계성을 함께 고려하고 있다고 볼 수 없다. 그림 3-7의 한수원의 원전 부지 내 사용후핵연료 저장시스템 개념도에서 보듯이, 이러한 저장시스템은 처분시스템을 그림 5-22의 미국의 유카마운틴 방식이나 그림 3-10의 NUHOMS 방식으로 가지 않는 한 수직 처분이나 수평 처분에 직접 활용할 수 없다.

미국 유카마운틴 처분장의 처분 방안인 그림 5-21, 5-22 및 그림 3-9, 3-10의 NUHOMS 처분 방식과 같이 저장과 처분을 연계할 경우 경제적으로 큰 효과를 가질 수 있다. 이것은 이미 원자력학회 특별위원회 보고서에서도 미국의 처분 밀도가 핀란드, 스웨덴 방식보다 훨씬 높다고 언급한 바 있다[24]. 미국 처분 개념의 또 다른 강점은 처분장의 처분 용기가 부지 내 저장 방식과 연계하여 처분하기 때문에, 그림 3-10의 NUHOMS 방식과 같이 저장 용기와 처분 용기를 공용으로 사용할 경우 경제성과 호환성에 있어서 매우 우수하기 때문이다. 이것은 구체적인 평가를 해봐야 정확히 판단할 수 있겠지만, 처분 밀도뿐만 아니라 경제성 면에서도 훨씬 우수하다고 생각된다. 물론 이것은 처분 방법, 처분장 여건 등을 함께 고려하였을 때 가능한 것이다.

비록 미국은 처분 프로그램이 취소되어 진행되고 있지 않지만, 이와 같은 개념은 매우 실용적인 것이다. 따라서 여건이 된다면 국내에서도 사용후핵연료의 저장과 처분을 함께 연계할 것인지, 아예 독립적으로 가는 것이 나을지에 대해 심도 있는 검토를 해야만 한다. 다만 한 가지 분명한 것은 이러한 처분과 저장에 있어서 현재 시급한 것은 저장 문제이기 때문에 저장 방안을 중심으로 처분에서의 수용 가능성을 살펴봐야 하는 것이며, 처분을 중심으로 저장 방안을 연계하는 데는 한계가 있을 수밖에 없다.

현재 우리가 기준 처분 방식으로 고려하고 있는 수직 처분 방식의 가장 큰 문제점은 처분을 처분 자체의 문제로만 보고 있고, 수직 처분공 방식이기 때문에 부지 내 저장하는 저장 용기나 캐니스터 등과의 연계성, 호환성 문제를 고려하기가 매우 어렵다. 또한 기존 처분 터널에 수직 방향으로 처분공을 뚫어야 하기 때문에 경제성과 구조적 안전성 측면에서 매우 불리하다는 것이다.

3

처분기술의 고려 사항에 관한 제언

지금까지 살펴본 개선 방안 외에도 다음과 같은 몇 가지를 심도 있게 고려해야만 할 거라 생각된다.

첫째는 앞에서 잠시 언급한 바와 같이 심부시추공 굴착 기술은 이미 석유산업에서 충분히 검증된 방법이며, 심부 처분 방식은 우리 생활환경에서 훨씬 더 심부에 처분함으로써 더 큰 안전성을 확보할 수 있는 장점이 있다. 이는 미국 Deep Isolation에서 주도하고 있는 기술이지만, IAEA를 비롯한 여러 나라에서 함께 참여해서 연구를 진행하고 있다. 이 기술이 갖는 어려움은 원자력계에서 상용화하거나 처분 방안으로 선택하고 있는 나라가 아직 없다는 것이다. 또한 비록 회수성에 대해서도 실험은 했지만, 더 많은 실험을 해봐야 하며, 특히 축소 모형이 아닌 실제 사용후핵연료 집합체 크기와 무게를 활용한 실험을 통해 검증해야 할 것이다. 또한 심부시추공에 스틸 라이너를 쓰지만, 이 라이너가 변형될 경우의 복구 방안에 대해서도 입증해야 한다. 이와 같은 부분이 검증되어 고준위 방사성폐기물의 처분에 적용된다면, 심부 시추공 처분은 처분 분야를 완전히 바꿀 수 있는 게임 체인저(Game Changer)가 될 수 있다. 왜냐하면 처분 부지가 아주 작아지는 것은 물론 과거 실패한 곳이지만 '굴업도'와 같이 작은 섬을 처분장으로 쓰거나, 심지어는 각 원전의 부지 내에서 인접한 해저로 "L"형 처분공을 뚫어 처분할 수도 있기 때문이다.

둘째는 심지층 처분도 평지에서 지하 500m 심부로 굴착해 처분하는 방안도 있겠지만, 국토의 70% 정도가 산지인 우리나라의 국토 특성을 살려 고도가 500m 이상인 산지에서도 화강암반 기반의 지반 조건이 맞는 곳에 스위스 Nagra의 그림셀(Grimsel) 처분 연구 시설과 같이 산의 중턱에서 수평이나 약간 경사진 처분공을 뚫어 처분하는 처분 방법이 가능하다면 TBM 굴착의 직용도 용이해서 매우 효율적이고, 안전하며, 경제성이 높은 처분 방법이 될 수도 있음을 제안하고 싶다. 왜 평지에서 지하로 뚫어야만 하는지에 대해 의문을 가진 사람들도 있음을 간과해서는 안 된다. 남의 기술을 따라 하기만 하는 Fast Follower 수준에서 벗어나 First Mover가 되려는 원자력 선진국으로서의 사고를 가져야 한다.

셋째는 앞에서도 처리기술에 대해 언급한 바가 있지만, 사용후핵연료의 처리를 통한 고준위폐기물을 처분하는 방안에 대해서도 심도 있게 살펴봐야 한다. 프랑스의 뷰어 처분장과 같이 수평공 처분 방식의 장점을 활용하는 것도 방안이라 할 수 있다. 비록 충분한 기술개발과 검증이 필요하지만, 최근 한미 간 재처리 및 농축과 관련하여 원자력 협력 협정의 개정에 대한 논의가 활발하게 거론되는 만큼, 원자력계는 처분 분야에서의 이런 부분에 대한 대비도 간과해서는 안 된다. 요즘 국제정세는 하루가 다르게 급변하는 상황이다. 특히 미국은 자국의 이익을 위해서 관세 전쟁을 벌이고 있고, 우리나라는 미국의 요구를 수용하는 대신 우리가 얻어낼 것에 전력을 다하고 있으며, '원자력 협정'도 그 대상에 포함된다. 따라서 우리는 기술적 대비를 하고 있어야만 한다.

비록 사용후핵연료 처분 분야에서 핀란드, 스웨덴이 가장 먼저 상용화하고 있다고는 하지만, 표 5-2와 같이 스웨덴과 핀란드는 우리나라에 비해 사용후핵연료 처분장 소요 면적은 작은 데 비해, 전체 국토 면적은 3.3배, 4.5배로 훨씬 크며, 반대로 인구밀도는 우리의 1/20 수준도 안 된다. 따라서 이들 국가에서 채택했다고 우리나라에도 적합한 기술이라고 주장해서는 안 된다.

우리는 경주에 중저준위 방사성폐기물 처분장을 운영하고 있는데 지하 동굴에 콘크리트 사일로 만들어 처분하고 있다. 그런데 이 사일로 용량도 포화상태에 가까워지고 이제 천층 처분 방식으로 처분장을 확장하고 있다. 이와 같은 천층 처분 방식은 영국, 프랑스는 물론 그림 5-43과 같이 일본의 로카쇼 처분장에도 사용하고 있는 방법이며, 그림 5-44와 같이 미국도 저준위 폐기물을 지상에 처분하고 있다.

국민이 안심할 수 있는 충분히 안전한 처분 방식을 선택하되 의미 없는 지나친 방식은 결국 국가에 큰 피해를 끼치는 일임을 간과해서는 안 된다.

그림 5-43. 일본 로카쇼 저준위 방사성폐기물 처분장(2016. 3. 23. 방문 촬영)

그림 5-44. 미국 유타주의 Clive 저준위 방사성폐기물 처분장
(2019. 5. 7. 방문 촬영)

이상과 같은 사항들을 함께 고민해 보고 직접 처분에 한정하여 다음과 같이 몇 가지 방안을 제안하고자 한다.

첫째, 심지층 처분(DGD)이 현재까지는 가장 검증된 방법인 만큼 심지층 처분을 기준으로 처분 방안을 준비하되 기존의 핀란드, 스웨덴의 수직 처분 방안 외에 스웨덴의 수평 처분과 스위스의 수평 처분 등 세 가지 방안에 대하여 철저히 비교 검토하자. 이 세 가지 방법은 처분 깊이나 복합 방벽의 개념 등이 같아서 기술적으로는 검증되었다고 볼 수 있기에 비교평가가 쉽다. 처분 방식별 안전성, 경제성, 소요 면적 등의 주요 사항에 대해 비교 검토하여 가장 합리적인 방안을 선택할 수 있도록 하자. 동일 기준의 사용후핵연료 처분에 대하여 처분 방법별로 굴착량이 얼마나 되고, 소요 면적과 비용이 얼마나 되며, 굴착 방법은 무엇이고, 처분 방법별 최대 굴착손상영역(EDZ)은 얼마나 되는지 장단점을 비교 분석할 수 있도록 관련 전문 기관이 직접 설명하고, 질의응답을 받을 수 있도록 공청회 등을 거쳐서 최종 방안을 선택할 수 있도록 하자. 단순한 기술만 검토하는 게 아니라 제안서 형태로 받아 보면, 굴착량이 얼마나 되고, 소요 비용이 얼마나 들지, 처분 방법별로 명확하게 확인할 수 있다.

둘째, 심지층 처분(DGD)을 기준으로 처분 방안을 준비하되 대안 처분에 대해서도 검토하자. 향후 파이로 재활용이나 습식 재처리를 할 경우에 대비할 수 있도록 프랑스의 처분 방식과 Deep Isolation의 심부시추공 처분(DBD) 방식에 대해서도 기술개발을 병행하자. 심부시추공 처분이 완전히 검증되고 재처리를 하는 프랑스의 고준위 폐기물 처분용기를 심부시추공 처분을 할 경우 처분의 많은 부분이 획기적으로 발전할 것이기 때문이다. 이 경우에는 회수 가능성은 고려할 필요가 없거나 비중이 크지 않을 것이다. 아직 예단할 수 있는 상황은 아니지만 모든 것을 직접 처분에 맞춰서 준비했다가 한미 정상회담이나 후속 회담을 통해 우리나라가 사용후핵연료를 재처리하기로 결정하는 경우에 대해서도 당황하지 않도록 고려해야만 한다.

셋째, 밀접한 이해관계가 있는 특정 기관의 몇몇 담당자들만의 선택이나 특정 그룹이 결정할 사안이 아니다. 고준위 방사성폐기물 관리위원회가 전체적인 방안을 정하고, 원자력학회(KNS)나 과학기술단체총연합회(KOFST) 등 원자력계 전체나 과학기술계 전체를 대표하는 기관이 주관하는 공청회와 숙의 과정을 거쳐서 방안을 결정하자. 원자력은 기술적 해법 외에도 사회적 과정을 잘 거쳐야 잘 해결될 수 있는 것이다.

넷째, 처분기술을 위한 연구만이 아니라 인허가 기술기준을 조속히 마련하자. 연구나 사업을 주관하는 기관뿐만 아니라 인허가 기관이 함께 가장 합리적이고, 체계적인 인허가 기술기준을 마련해야 무엇을 연구해야 하고, 무엇이 갖춰지고, 무엇이 부족한지를 알고 효과적으로 대비할 수 있다. 기술이 아무리 좋고, 안전해도 평가할 기준을 만들어 놓지 않으면 인허가를 내줄 방법이 없기 때문이다.

제 6 장

인허가에 관하여

앞에서 살펴본 내용은 대부분 기술적인 문제에 관한 것이었다. 그러나 원자력계에서는 기술적인 문제뿐만 아니라 인허가 문제가 매우 중요하다. 기술적인 문제를 잘 검토하여 아무리 좋은 처분 기술과 방안을 도출했다 하더라도 인허가를 받는 문제는 별개라 생각해야 할 수 있다.

지금까지 우리나라에는 최근에 중요한 이슈로 떠오르는 SMR은 물론 처분 관련 세부적 기술기준을 명시한 규정이 없다. 이것은 곧 아무리 기술적으로 완벽하고 안전하게 처분 방안을 결정하고, 처분 터널과 처분공을 설계했다 하더라도 이를 검토할 기준이 없다면 인허가를 받을 수 없는 것이다. 규제기관의 담당자가 어떤 기술적 평가능력을 가졌다 하더라도 안전성을 평가하고 허용할 수 있는 근거와 기준치가 제시되어 있어야만 인허가를 내줄 수 있는 것이다.

최근 국회 토론회에서 규제기관의 독립과 관련된 이야기가 나오기도 한다. 이것은 일견 매우 바람직한 것으로 보일 수 있다. 그러나 세부적인 내용을 살펴보면 아무런 객관적 평가능력과 평가 기준 등이 정해지지 않은 상태에서 규제기관의 독립은 블랙홀과 같이 모든 것을 집어삼킬 수 있는 위험한 것이다.

우리나라는 규제기관이 행정기관인 원자력안전위원회와 기술 검토 기관인 원자력안전기술원으로 이원화되어 있다. 그런데 기술 검토 기관인 원자력안전기술원은 원자력안전기술원법에 의해 기관장이 외부에서 거의 지원할 수가 없도록 규정하고 있다. 이런 배타성은 외견상으로는 규제기관의 독립성을 보장하는 좋은 제도로 보이지만, 다른 한편으로는 인재의 풀을 지나치게 제한하여 다양한 경험의 이식과 교류의 기회를 차단하는 편협된 제도라고 할 수 있다.

비록 일부의 얘기라고 할 수 있겠지만, 필자는 여러 번의 인허가 경험을 통해 규제 담당자의 업무처리 능력이 원자력의 발전에 얼마나 큰 영향을 끼치는지를 너무나 잘 알고 있다. 규제기관의 독립성보다는 규제의 합리성과 전문성, 그리고 책임성이 매우 중요하다.

아무런 현장 경험이나 실무 경험이 없는 사람이 복잡한 사안에 대해 전문성을 갖는 것은 쉽지 않기 때문에 규제기관이야 말로 다양한 경험과 전문성을 가진 사람들이 모여서 심사를 할 수 있는 능력과 시스템을 갖춰야만 한다. 따라서 규제기관은 기관장은 물론 심사 담당자들도 외부 기관에서 다양한 경험과 실력을 갖춘 사람들이 참여할 수 있도록 문호를 개방해야만 한다. 다만, 이권에 결탁해서는 안 되기 때문에 철저한 도덕적, 법적 책임을 함께 부여해야만 한다.

한국원자력안전기술원법

제9조의2(결격사유) ① 다음 각 호의 어느 하나에 해당하는 사람은 임원이 될 수 없다.

  3. 다음 각 목의 어느 하나에 해당하는 기관의 임직원(교원은 제외한다)으로 근무하고 있거나 퇴직한 날부터 3년이 경과되지 아니한 사람

    가. 「원자력안전법」 제10조제1항 또는 제20조제1항에 따라 허가를 받은 기관

    나. 「원자력안전법」 제30조제1항 또는 제30조의2제1항에 따라 허가를 받은 기관

    다. 「원자력안전법」 제35조제1항 및 제2항에 따라 허가 또는 지정을 받은 기관

    라. 「원자력안전법」 제63조제1항 및 제39조의4제1항에 따라 허가를 받은 기관

  4. 제3호 각 목에 따른 기관으로부터 최근 3년 이내에 연구개발과제(「과학기술기본법」에 따른 국가연구개발사업은 제외한다) 등 총 1천만원 이상의 용역을 수탁하여 수행하고 있거나 수행하였던 사람

원자력안전법

제10조(건설허가) ① 발전용원자로 및 관계시설을 건설하려는 자는 대통령령으로 정하는 바에 따라 위원회의 허가를 받아야 한다.

제20조(운영허가) ① 발전용원자로 및 관계시설을 운영하려는 자는 대통령령으로 정하는 바에 따라 위원회의 허가를 받아야 한다.

제30조(연구용원자로 등의 건설허가) ① 연구용 또는 교육용의 원자로 및 관계시설을 건설하려는 자는 그 종류별로 대통령령으로 정하는 바에 따라 위원회의 허가를 받아야 한다.

제30조의2(연구용원자로 등의 운영허가) ① 연구용 또는 교육용 원자로 및 관계시설을 운영하려는 자…

제35조(핵연료주기시설의 건설허가) ① 핵연료주기시설을 건설하려는 자…

제39조의4(핵연료주기시설의 운영허가) ① 핵연료주기시설을 운영하려는 자…

제63조(방사성폐기물관리시설등의 건설·운영 허가) ① 방사성폐기물의 저장·처리·처분 시설 및 그 부속시설(이하 "방사성폐기물관리시설등"이라 한다)을 건설·운영하려는 자

이미 앞의 2장에서 언급한 수송용기의 사용검사 사례를 살펴보자. KSC-1 수송용기에 대한 국내 최초의 사용검사는 1998년 7월 20일에 시작하여 1998년 10월 19일에 검사에 최종 합격하였으며, 검사에 총 3개월이 소요되었다. 이후 2004년에 2차 사용검사, 2009년에 3차 사용검사에 합격하였다. 그러나 안타깝게도 4차 사용검사는 2014년부터 시작하여 2016년까지 검사를 진행하던 중에 적정 검사 선원의 문제로 수검이 중단됐다.

KSC-1 수송용기의 설계기준은 1년 냉각기간을 갖는 사용후핵연료부터 운반할 수 있다. 사용검사 수검의 중단 사유는 연구원이 보유한 검사 선원으로 사용 가능한 사용후핵연료가 냉각기간이 오래됐다는 이유였다. 그런데 실상 국내 최초의 사용검사에서도 그랬고, 고리 원전에서 수행한 고리 1호기 사용후핵연료 저장조에 보관 중인 사용후핵연료를 사용했던 KSC-4 수송용기에 대한 사용검사에서도 설계기준 핵연료와 똑같은 사용후핵연료를 사용한 게 아니라 한수원이 사용 가능하다고 선정하고 IAEA로부터 검사용으로 사용신고를 한 사용후핵연료를 사용하였다.

이러한 문제가 생긴 것은 규제기관의 담당자와 수검 기관인 연구원 담당자 모두 검사의 기본 원리를 제대로 이해하지 못하였기 때문이다. 방사선 차폐성능 검사의 기준이 되는 방사선원 방사능량은 설계기준 방사능량과 반드시 똑같을 필요는 없으며, 일반적으로는 훨씬 낮은 방사능량의 선원을 사용한다. 뒤늦게 이러한 문제점을 발견하고 규제기관과 21년 2월부터 재협의를 했으나 검사가 제대로 진행되지 않고 있다가 최근에 검사를 취소한 것으로 알고 있다. 참으로 개탄스러운 일이다.

참고로 KSC-1 수송용기와 비슷한 시기에 만들어진 그림 6-1의 미국의 NAC-LWT 수송용기를 비교해 보자. 이 장면은 1998년 6월 서울 공릉동의 TRIGA 연구용 원자로의 사용후핵연료를 미국으로 반출하려고 작업할 때의 모습이다. 이것은 그림 4-3과 같이 2019년 6월 미국 아이다호연구소에 파이로 실험용 사용후핵연료를 반입할 때도 사용되었다. 이 수송용기는 70여 곳의 원자력 시설에서 경수로 핵연료는 물론 서울의 트리가(TRIGA) 연구용 원자로의 사용후핵연료까지 총 3,800회의 운반을 했으며, 이 과정에서 총 75회의 검사를 무난히 통과하였다.

KSC-1 수송용기는 겨우 24번 운반을 수행했는데, 불과 4번째 사용검사에서 승인을 못 받은 것이다. 이게 우리나라 연구기관과 규제기관에서 발생한 일이다. 이로 인한 원자력 분야의 손실이 엄청난 것을 우리는 어떻게 받아들여야 할지 숙고해 볼 일이다.

그림 6-1. 미국 NAC-LWT 수송용기(1998년 6월, 저자 촬영)

월성원전의 사용후핵연료 건식 저장시설인 그림 3-5의 맥스터의 인허가 사례를 살펴보자. 월성 원전에서는 콘크리트 사일로와 조밀건식저장시설인 맥스터를 둘 다 설치하여 운영하고 있다. 사일로는 원통형 콘크리트 저장 용기의 개념이라면 맥스터는 콘크리트 모듈형 건식 저장 방식이다. 탄소강 저장 실린더 40개를 수용하여 중수로 핵연료 16,800다발을 저장할 수 있는 맥스터 14개 모듈의 1차 인허가는 2006년 7월 4일에 시작하여 2008년 2월 4일에 승인이 나서 인허가에 19개월이 소요되었다. 그런데 이와 똑같은 2차 모듈에 대해서 2016년 4월 26일 인허가를 시작하여 2020년 1월 10일에 인허가가 완료되어 44개월이 소요되었다.

인허가 신청 직후 경주지진(2016년 9월)과 포항지진(2017년 11월)이 발생함에 따라 기술적으로 보다 심도 있는 검토가 필요하고, 안전을 우려하는 사회적 분위기를 무시할 수 없다는 점을 감안하더라도 부지가 완전히 다른 곳도 아니고, 설계 특성이 완전히 다른 것도 아닌데 기존 인허가를 받은 저장시설의 추가시설에 대해 인허가 기간이 두 배 이상 소요된다는 걸 이해할 수 있을지 생각해 볼 필요가 있다.

규제 심사기관인 원자력안전기술원은 좋게 말하면 개별 심사원의 독립된 판단을 지나치게 존중하고, 나쁘게 말하면 개별 심사원의 판단에 지나치게 의존하는 경향이 있다. 담당 PM이나 해당 부서장도 다른 의견을 적극적으로 제시하고 조정자로서의 역할을 다하지 못하고 있다. 심사의 독립성은 매우 중요한 것으로 판단할 수 있다. 그러나 실무 담당자가 내용을 잘 몰라서 이와 같은 무리한 주장을 하고, 잘못된 판단을 할 때 이를 돌이킬 수 없다면 이보다 더 심각한 일이 있겠는가 생각해 보자. 물론 일부의 일이라고 얘기할 수 있으나 필자는 경험 중 두 가지 예를 들었을 뿐이다.

최근 대통령은 대국민 간담회에서 급증하는 전력 수요에도 불구하고 원전 건설에 대해 15년이 소요된다며, 원전이 당장 적당한 솔루션이 되기 어렵다는 의견을 밝힌 바 있다. 물론 15년이 걸리지는 않겠지만, 15년이 소요된다고 가정할 때 그 중 인허가에 몇 년이 소요될지에 대해 생각해 보자. 왜 이렇게 됐는가를 돌이켜 보자. 이런 현상의 상당한 원인은 문재인 정부의 탈원전 정책으로 인해 인허가 기관이 허가를 내주는 문제에 대해 너무 큰 부담을 갖게 되면서 발생한 것으로 판단된다. 게다가 과거와는 달리 원자력안전위원회의 심의를 통과하는 문제에 대한 부담을 크게 느끼기 때문으로 생각된다.

이제 원자력은 그동안의 행태를 계속 답습해서는 안 되는 시점이 되었다. 이제는 새로운 시대에, 새로운 기준으로 나가야만 한다. 우리가 규제 기관의 심사에 얼마나 많은 기간이 걸렸으며, 그 기간에 실제 어떠한 내용들이 검토되었는가를 냉정하게 살펴보자. 연구기관이나 산업체뿐만 아니라 규제기관도 함께 새로운 기술에 대해 끊임없이 공부하여 새로운 기술에 맞는 규제 기준과 검토 방법 및 허용 기준 등을 준비해야만 한다. 규제기관도 전문성을 강화하고 현장의 문제를 잘 파악하고 이해하는 노력이 필요하다.

조만간 출범하는 고준위 방사성폐기물 관리위원회에서는 원자력안전위원회와 원자력안전기술원에 고준위 방사성폐기물의 처분과 관련된 최근의 연구 결과와 해외의 기술 사례 등을 분석해서 처분에 관한 안전 규제 체계와 인허가 기준을 만드는 전담조직을 만들어 가동하도록 요청해야 한다. 규제기관에 처분과 관련된 아무런 전담조직과 임무가 없는 상태에서는 규제기관과 어떤 협의도 하기 어려울 것이다. 처분 기술을 개발하는 기관도 규제 체계 확립에 동참하지 않으면 규제가 마련될 때까지 기술개발은 지연될 수밖에 없음을 인식하고, 규제와 개발이 조화를 이루도록 노력해야 한다.

이상과 같은 인허가와 관련된 사항들은 기술개발에 못지않게 매우 중요한 것이기에 인허가와 관련하여 다음과 같이 몇 가지를 제안하고자 한다.

첫째, 규제기관은 원자력의 주요 현안에 대해 대응팀을 만들고, 사전에 규제와 관련한 현장의 요구를 협의하는 소통을 통하여 적기에 규제 체제가 완비될 수 있도록 하자. 얼마 전까지는 규제자와 개발자가 서로 너무 밀접해지면 안 된다는 이유로 이런 협의 자체가 불가능해서 사전에 어떤 방향으로 대비할지를 몰랐는데, 이제는 과거의 시스템으로는 새로운 미래를 대비할 수 없다.

둘째, 규제기관은 분야별로 경력자를 인허가 담당 PM으로 임명하고, 분야별 담당자의 심사 내용을 검토하고 오류가 있으면 재검토나 시정을 요구할 수 있는 실질적인 권한을 주자. PM 역할에 맞는 경력자가 없으면 외부 인사가 PM에게 자문을 해 주도록 하여 제대로 된 전문가의 검토가 되도록 하자. 또한 관련 분야 전공자는 누구라도 심사에는 참여할 수 있지만, 경험이 충분하지 못한 사람에게 분야의 책임을 맡겨서 너무 큰 부담을 지우지 말자. 허가 여부를 결정하는 걸 두려워하는 사람이 심사를 맡으면, 그 심사는 언제 끝날지 모른다. 선생님이 학생들의 과제를 평가하는 것과 같이 규제기관의 심사 담당자들은 사업자가 제출한 서류를 평가할 충분한 실력과 경험이 있어야 한다.

셋째, 분야별, 항목별로 심사 내용과 허용 기준을 명확히 하고 최대 허용 심사 기간을 정해서 심사가 끝없는 미궁으로 빠지지 않도록 하자. 심사할 내용과 절차, 그리고 허용 기준이 명확해야 규제 담당자도 인허가를 내주기가 편하다. 또한 질의서 송부 횟수를 적정한 횟수로 제한해서 무한정 지속되는 질의서의 늪에 빠지지 않게 하자.

넷째, 인허가 심사에 대해 심각한 이견이나 오류가 있으면 이의제기나 심사팀 교체를 요구할 수 있는 시스템을 갖추자. 재판도 재판부 기피신청을 할 수 있듯이 인허가 기관에도 이와 같은 기능을 갖추도록 하자.

비록 앞에서 인허가 관련 규제기관의 개선에 필요한 사항을 말했지만, 연구기관이나 사업자는 규제기관을 완전하게 이해시키고, 승인을 받을 수 있는 규제 기준을 만족함을 증명하는 제반 사항을 잘 갖추고, 완벽하게 설명하도록 해서 규제기관 담당자가 아무런 부담 없이 허가를 내줄 수 있도록 해야 하는 것을 기본적인 전제로 말하는 것이다.

제 7 장

시급히 해결해야 할
사안들

· · ·

　　지금까지 **분야별** 기술 현황과 개선 방안에 대해 살펴보았지만, 이제는 중요하면서도 시급한 현안 사항에 대해 살펴 보고 필자 나름대로 해법을 제시하고자 한다.

1

사용후핵연료 관리 국가 정책의 결정

사용후핵연료에 관한 국가 정책에 대한 사항은 가장 중요하고도 근본적인 사항이다. 우선 원자력 관련 법령들 가운데 사용후핵연료와 관련된 조항을 살펴본 후, 현재 우리나라의 상황에 대해 논의해 보고자 한다.

원자력진흥법(이하 '진흥법')과 원자력안전법(이하 '원안법')의 내용을 살펴보자. 진흥법은 원자력의 연구 · 개발 · 생산 · 이용(이하 "원자력 이용")에 관한 사항을 규정하여 학술의 진보와 산업의 진흥을 촉진함으로써 국민 생활의 향상과 복지증진에 이바지함을 목적으로 하는 것으로, 제3조(원자력진흥위원회) 원자력 이용에 관한 중요 사항을 심의 · 의결하기 위하여 국무총리 소속으로 원자력진흥위원회를 두고 원자력이용에 관한 사항을 종합 · 조정하며, 「방사성폐기물 관리법」 제6조에 따른 '방사성폐기물 관리 기본계획에 관한 사항'의 심의 · 의결은 물론 '사용후핵연료의 처리 · 처분에 관한 사항'을 심의 · 의결하도록 하고 있다.

한편, 원안법의 제2조 정의 18항에 따르면 방사성폐기물은 『폐기의 대상이 되는 물질(제36조의2에 따라 폐기하기로 결정한 사용후핵연료를 포함한다)을 말한다』고 되어 있으며, 같은 법 제36조의2(사용후핵연료의 처리 · 처분)에 의하면 『사용후핵연료의 처리 · 처분에 관하여 필요한 사항은 과학기술정보통신부장관과 기후에너지환경부장관이 관계 부처의 장과 협의하여 「원자력진흥법」 제3조에 따른 원자력진흥위원회의 심의·의결을 거쳐 결정한다』고 되어 있다.

즉, 원안법 제36조의 2항과 같이 과학기술정보통신부와 기후에너지환경부 장관이 협의하여 사용후핵연료의 처리·처분에 관한 사항을 원자력진흥위원회의 심의·의결 과정을 거쳐서 내용을 결정하기 전에는 사용후핵연료의 국가 정책은 아직 결정되지 않았다고 보아야 한다. 이것은 그동안 산업통상자원부에서 추진해 온 '고준위 방사성폐기물 처분 기본계획'의 내용을 부정하는 것이 아니다. 새로 부처명이 변경된 기후에너지환경부에서 사용후핵연료에 관한 처분을 준비하는 것은 그대로 하되, 아직 국가의 사용후핵연료 정책이 결정되지 않았기에 해당 부처와 관계기관에서는 처리와 처분에 관한 모든 사항을 철저히 준비해야 하는 것이다.

산업부의 제2차 고준위 방사성폐기물 관리 기본계획(안)을 마치 국가의 사용후핵연료 정책이 직접 처분으로 결정된 것으로 판단한다면, 굳이 현 정부가 최근 '사용후핵연료 재처리 및 농축'에 관해 한미 원자력 협정을 개정하려고 정상회담 의제에 올릴 이유가 없는 것이다. 정확히 말하면 아직 우리나라는 사용후핵연료의 직접 처분이나 재활용, 재처리 등 국가의 사용후핵연료 정책을 공식적으로 결정하지 않았다는 것이다.

우리나라는 이 정책의 결정이 시급한 것도 아니다. 다만 우리는 어떤 방안이 우리나라에 가장 좋을지, 언제 어떻게 결정할지에 대해 대략적인 원칙이나 방향만이라도 정했으면 좋겠다는 생각이다. 원자력계 내에서 조차도 이런 문제를 명확하게 모르고 있는 상황을 좀 더 명확하게 하고, 국가의 역량을 잘 모아서 전략적이고도 효율적으로 잘 사용했으면 하는 바람이다. 두 법령의 내용을 다음의 표와 같다.

원자력진흥법

제2조(정의)

1. "원자력"이란 「원자력안전법」 제2조제1호에 따른 원자력을 말한다.

2. "원자로"란 「원자력안전법」 제2조제8호에 따른 원자로를 말한다.

3. "사용후핵연료처리"란 「원자력안전법」 제2조제14호에 따른 사용후핵연료처리를 말한다.

4. "방사성폐기물"이란 「원자력안전법」 제2조제18호에 따른 방사성폐기물을 말한다.

제3조(원자력진흥위원회) 원자력이용에 관한 중요 사항을 심의·의결하기 위하여 국무총리 소속으로 원자력진흥위원회(이하 "위원회"라 한다)를 둔다.

제4조(위원회의 기능) 위원회는 다음 각호의 사항을 심의·의결한다.

1. 원자력이용에 관한 사항의 종합·조정

2. 제9조에 따른 원자력진흥종합계획의 수립에 관한 사항

〈중략〉

6. 「방사성폐기물 관리법」 제6조에 따른 방사성폐기물 관리 기본계획에 관한 사항

7. 사용후핵연료의 처리·처분에 관한 사항

8. 그 밖에 위원장이 중요하다고 인정하여 위원회의 토의에 부치는 사항

제2조(정의)

14. "사용후핵연료처리"란 원자로의 연료로서 사용된 핵연료물질 또는 그 밖의 방법으로 원자핵분열을 시킨 핵연료물질을 연구 또는 시험을 목적으로 취급하거나, 물리적·화학적 방법으로 처리하여 핵연료물질과 그 밖의 물질로 분리하는 것을 말한다.

15. "핵연료주기시설"이란 정련·변환·가공 또는 사용후핵연료처리를 위한 시설을 말한다.

18. "방사성폐기물"이란 방사성물질 또는 그에 따라 오염된 물질(이하 "방사성물질 등"이라 한다)로서 폐기의 대상이 되는 물질(제36조의2에 따라 폐기하기로 결정한 사용후핵연료를 포함한다)을 말한다.

제36조의2(사용후핵연료의 처리·처분) 사용후핵연료의 처리·처분에 관하여 필요한 사항은 과학기술정보통신부장관과 기후에너지환경부장관이 관계 부처의 장과 협의하여 「원자력 진흥법」 제3조에 따른 원자력진흥위원회의 심의·의결을 거쳐 결정한다.

사용후핵연료와 관련된 기술개발을 책임진 기관에서 해야 할 일은 우리나라에 적합한 가장 안전하고, 효율적인 사용후핵연료 관리 기술을 확보하는 것이며, 여기에는 국토의 환경보전을 함께 고려해야 하기 때문에 처분 부하를 최소화해야 하는 것이다. 이러한 상황임에도 불구하고, 파이로 기술을 이용한 사용후핵연료의 재활용은 물론 사용후핵연료를 건드리는 것조차 안 될 것처럼 생각하는 일부 사람들의 말을 들으면, 마치 자동차를 폐차시킬 때 철재나 전선 등 재활용 소재를 분리하지 말고 통째로 폐기해야 한다고 주장하는 것 같은 느낌이 든다.

사용후핵연료를 재활용하기로 결정된 바도 없지만, 재활용하지 말고 직접 처분을 해야 한다고 결정된 바도 없기에, 어떤 방법이 우리나라에 가장 좋은 방법인지, 정부의 각 부처와 산하기관이 각자의 역할에 최선을 다하면서, 국가의 정책 결정을 뒷받침할 준비를 하면 되는 것이다. 이제는 대통령이 직접 '농축과 재처리'를 챙기며 부처 업무보고에서 언급하고 있는 상황이기에 더 이상 국가의 사용후핵연료 관리 정책이 이미 결정된 것으로 착각하는 우를 범해서는 안 된다.

2025년 5월 23일의 도널드 트럼프 대통령이 에너지부(DOE) 장관에게 지시한 행정명령 1호와 최근 국가 안보실장의 대미 협상 추진 등의 상황을 함께 살펴볼 필요가 있다. 지금은 급변하는 과학기술의 진보와 국가별 국익을 위한 통상 압력 등 무한경쟁의 시대이다. 미국도 무조건 타국에 재처리를 막기 위해서 자국의 재처리도 금하던 정책을 바꾸려는 것이다.

이제는 기존의 고정관념에서 벗어나 무엇이 국익과 국토의 보전에 가장 좋은 해법인지에 대해 종합적이고도 중장기적인 안목으로 답을 찾는 노력이 필요하다. 처리를 통한 재활용이 좋다고 생각하든, 직접 처분이 더 낫다고 생각하든, 개인별로 판단의 차이는 있을 수 있겠지만, 공식적인 국가의 사용후핵연료 관련 정책은 아직 결정되지 않았음을 알고, 최적의 솔루션을 제공할 수 있는 원자력계가 될 수 있도록 사용후핵연료 관리에 관한 특별법 제정을 통해 국가 정책을 어떻게 결정할지에 대한 법적 지침을 만들자.

2

고준위 방사성폐기물 관리에 관한
특별법의 개정 제언

2025년 9월 26일자로 시행된 '고준위 방사성폐기물 관리에 관란 특별법'은 '고준위 방사성폐기물 관리위원회'를 두고, 사용후핵연료의 부지 내 저장과 관련된 내용을 법으로 명시하였다는 점에서 큰 의미를 갖는다. 그러나 이 법안은 아래와 같이 제36조 ⑥항에 부지 내 저장시설의 저장용량을 원전의 설계 수명 기간 동안 발생할 것으로 예측되는 양을 초과하지 못하도록 하고 있다. 원자력계에서 이러한 법 조항이 제시되었을 때 적극적으로 법안 발의 의원을 설득하지 못한 것은 큰 잘못이다. 또 한 가지는 제36조 ⑦항에 부지 내 저장시설에서는 다른 발전소에서 발생하는 사용후핵연료를 반입할 수 없도록 한 내용이다.

고리 원전과 새울 원전은 가까이 위치해 있고, 폐로를 추진 중인 고리 1호기 부지를 활용해서 저장 문제를 잘 풀어나갈 수도 있는데, 이러한 법 조항으로 인해 어려움을 겪을 수 있을 것으로 예상된다.

원자력 분야가 가뜩이나 어려운 상황에서 사용후핵연료 저장 문제를 다루는 이 법안에 대해 원자력계가 제대로 대응하지 못했다는 것은 반성해야 할 사항이다. 원자력계의 현실과 지역주민과의 이해충돌 등에 대해서도 관련 원자력계에서 적극적으로 갈등을 사전에 조율하여 국회의원들과 법안이 좀 더 나은 법률이 되면 좋았는데, 일부는 이 법안을 그대로 통과시키길 바란 것 같다. 지금이라도 기후에너지환경부는 물론 국회 관련 상임위원회 의원들과의 긴밀한 협의를 통해 이런 부분이 개선될 수 있도록, 본격적인 부지 내 저장 사업이 시작되기 전에 관련 조항을 합리적으로 개정하려는 노력이 매우 시급하다. 법령 개정은 늦으면 늦을수록 힘들 것이다. 늦어도 새해 상반기 중에 정확한 개정 문구에 합의할 수 있도록 하고 하반기 안에 개정을 마무리하자.

고준위 방사성폐기물 관리에 관한 특별법

제36조(원자력발전소 부지 내 사용후핵연료 저장시설의 설치 · 운영 등)

① 「원자력안전법」 제22조제1항에 따른 발전용원자로운영자가 원자력발전소 부지 내 사용후핵연료 저장시설(이하 "부지내저장시설"이라 한다)을 설치하려는 때에는 관리사업자와 협의하여 그 부지내저장시설에 대한 시설계획(이하 "시설계획"이라 한다)을 「원자력안전법」 제20조제1항 후단에 따른 운영변경허가가 있기 전에 수립하여야 한다.

… 중략 …

⑥ 부지내저장시설의 저장용량은 해당 원자력발전소 내 건설 또는 운영 중인 발전용원자로의 설계수명 기간 동안 발생할 것으로 예측되는 양을 초과하여서는 아니 된다.

⑦ 부지내저장시설에는 다른 원자력발전소에서 발생하는 사용후핵연료를 반입할 수 없다.

⑧ 부지내저장시설에 저장된 사용후핵연료는 관리시설이 준공된 후 지체 없이 관리시설로 이전하여야 한다.

3

처분 사업 일정에 관한 제언

2021년 12월에 의결된 '제2차 고준위방폐물 관리 기본계획'에 따르면 고준위 방사성폐기물 관리에 관한 특별법 제17조제1항에서 정한 고준위 방사성폐기물 중간저장시설은 2050년 이전, 고준위 방사성폐기물 처분시설은 2060년 이전에 운영을 개시할 수 있도록 노력한다고 하였다. 그러나 이러한 일정은 처분 관련 규정과 인허가 체계 등이 함께 준비되고, 이를 바탕으로 한 사업자의 인허가 준비가 체계적으로 이뤄져야만 가능하다. 이러한 일정에 대해서도 현실적으로 가능할지 다시 한번 재점검해야 할 것으로 판단된다.

비록 '고준위 방폐물 R&D 로드맵'에 따라 연구와 기술개발을 수행하고 있지만, 이제는 더욱 체계화하고 공개적이고 투명한 의견 수렴 과정을 거치는 게 더 효율적이다. 이제는 이러한 문제를 고준위 방사성폐기물 관리위원회에서 체계적으로 잘 정리되어 나가기를 기대한다. 언제까지나 기술개발에만 전념할 게 아니라 이제는 언제까지 기술개발과 법령 체계를 완비하고, 부지를 확보할 것인지 일정을 정해서 목표 지향적인 업무 추진체계로 나아가야만 한다.

다시 한번 강조하지만, 규제 체제가 준비되어 있지 않으면 아무리 좋은 기술이라 해도 인허가를 받을 수 없다. 이런 문제가 정부의 단일 부처와 산하기관의 작은 규모의 결정보다도 고준위 위원회에서 심도 있고, 체계적으로 정리되어 나간다면, 불필요한 국력의 손실을 막을 수 있다.

4

처분 부지의 확보에 관한 제언

방사성폐기물 관리와 관련된 부지확보와 공공 수용성(Public Acceptance) 관련된 내용을 해결하는 것은 매우 중요한 일이다. 우리는 원자력발전소나 방사성폐기물 처분장 부지와 관련하여 그동안 혐오시설, 위험시설로 인식하며 지역주민의 거센 반대와 반발을 경험했다. 그러나 아이러니하게도 문재인 정부의 탈원전 정책하에서 건설추진 중단을 계획했던 지역에서 이를 반대하는 지역주민의 시위를 경험하기도 했다. 일부 원전의 지역주민들이 지역의 원전에서 보관 중인 사용후핵연료를 외부로 반출하는 것을 반대하고 있는 상황까지 생겨나고 있다.

또한 탈원전이나 원전 비율의 축소에 국민적 우려가 높아진 상황이며, 최근 미국의 적극적인 원전의 확대 정책이 눈에 띄고 있다. 이러한 점은 시사하는 바가 크다. 원자력은 국민 수용성과 매우 밀접한 영향을 받는 분야이다. 부지확보와 관련된 내용을 막연하게 진행하지 말고 처분에 적합한 부지 후보들을 최소 몇 개 정도를 찾은 후에 해당 지역의 오피니언 리더를 찾아 수용 여부를 협의하는 전략적 접근이 필요하다.

부지 문제는 기술 개발이 다 완료될 때까지 기다리지 말고 기술 개발 진행과는 별도로 부지확보를 위한 활동에 착수해야 한다. 처분 방법이나 설계가 어떻게 되든, 처분장 부지의 지반인 화강암반의 요건과 대략적인 크기 등 고준위 방사성폐기물 처분장으로 적합한 대강의 기준과 부지의 요건은 어느 정도 나와 있기에 부지를 구하는 노력이 오히려 더 빨리 진행되는 게 나을 수 있다.

처분 부지를 구하는 일 또한 특정 기관만 하도록 할 게 아니라, 민간 영역에서도 참여할 수 있도록 하는 방안이 더 효율적일 수도 있기에 이런 부분에 대한 법적 장치의 마련도 생각해 볼 필요가 있다. 그동안 부지를 구하는 일에 전문적인 기관이 아닌 연구기관이나 공공기관에서 수행하다 보니 많은 시행착오가 있었음을 생각하며, 더 잘할 수 있는 시스템에 대해 생각해 봐야만 할 때이다. 더 이상 과거의 틀을 계속 유지하려고 해서는 좋은 결과를 기대할 수 없는 일임을 받아들여야 한다.

홍보 또한 그냥 단순하게 홍보해서는 이러한 어려운 주제를 쉽게 풀 수가 없다. 법적인 체계하에서의 지역 지원 문제는 당연히 법대로 해야겠지만, 처분 후보 부지 지역에 대한 홍보는 지역 상황에 맞는 맞춤형 전략이 필요한 것이다. 또한 이러한 업무를 기술개발을 하는 기관이나 사업관리를 하는 기관이 아닌 부지확보에 특화된 전담팀이나 조직을 만들어 부지확보에 전념할 수 있도록 하는 것이 실질적으로 부지를 확보하는 방안이다. 부지확보는 매우 어려운 일이다. 과거의 실패 사례의 교훈을 잊지 말고 이제는 정말 해결을 위해 움직이자.

제8장

맺음말

더 나은 사용후핵연료 솔루션을 위하여

사용후핵연료의 국내 최초 수송을 비롯하여 저장, 처리 및 처분에 대하여 여러 부분을 살펴보았다. 이 책은 세세한 기술적인 내용보다는 개괄적이면서도 중요한 부분을 가능하면 일반 독자들이 쉽게 이해할 수 있도록 했다. 필자는 1987년 연구원에 들어와 사용후핵연료 분야에서 39년을 일하고 있다. 비록 기술 개발을 통해 기술을 자립하고 현안을 해결하며 보람된 일도 많았으나, 사용후핵연료 분야는 아직도 제대로 된 해법을 확정하지 못하고 있음에 안타까움과 부끄러움을 느낀다.

필자는 사용후핵연료 기술 개발을 총괄하며, 사용후핵연료의 체계적인 관리 체계를 만들고자 특별법 제정을 위해 노력했다. 그러나 아쉽게도 사용후핵연료와 관련된 분야는 기관별, 부문별 이해관계에서 벗어나지 못하고, 단기적인 해법에만 매달리고 있다는 사실에 큰 안타까움을 느꼈다. 과학기술자는 막연한 미래를 제시해서도 안 되지만, 현재의 기술로 수백 년, 수천 년 영향을 미칠 사안을 확정해서는 안 된다. 따라서 현재 당면한 문제를 현재 가지고 있는 가장 합리적인 기술로 해결하면서도 미래에 다가올 새로운 기술을 적용할 수 있는 문을 반드시 열어 두어야만 한다. 필자는 다음과 같이 조속히 문제를 해결하는 방향으로 힘을 모아 주기를 희망한다.

첫째, 원자력계의 당면한 가장 시급한 문제는 사용후핵연료의 저장 문제를 조속히 해결하여 원전의 계속 운전을 지원하는 것이다. 따라서 원전 부지 내 저장으로 시급한 문제를 우선 해결하도록 하되 비록 현재로선 부지 내 저장이 진행되는 것이지만, 한수원만의 문제가 아니기 때문에 처분과도 긴밀히 협의한 저장 방안이 되었으면 한다. 이런 부분에 있어서 고준위방사성폐기물 관리위원회의 역할이 기대된다.

둘째, 처리와 관련해서는 지속적이고도 효율적인 기술 개발로 가장 빠른 시간 내에 상용화 수준의 기술을 개발하는 방안을 찾는 노력과 동시에 미국과의 지속적인 협력과 정부 차원의 원자력 협정 개정을 위한 노력을 함께 해야만 한다. 정부가 농축과 재처리를 정상 간 의제로 논의하고, 원자력 협정의 개정을 논의하는데 정작 원자력계는 처리 관련 기술을 제대로 갖추지 못하고 있다면 정말 부끄러운 일이다. 그동안 원자력 협정 문제로 기술 개발이 지연되어도 변명할 게 있었지만 이젠 전혀 다른 상황이다. 우리 스스로 기술 개발을 포기하는 우를 범해서는 안 되며, 어떻게 하면 가장 효과적으로 사용후핵연료 문제를 해결할 수 있는 가장 좋은 처리 기술을 확보할 것인가에 대해 치밀한 탐구와 노력이 매우 중요하다. 부문별, 기관별 이해관계에 얽매이지 말고, 국익과 국토의 보전을 중심으로 생각해야 한다. 처리는 고준위 폐기물의 처분양만 줄이는 게 아니라 처분 방법과 처분의 안전성 등 그 파급효과가 매우 크다는 점을 알아야 한다. 경제성도 한 가지만 보고 판단할 게 아니라 파급효과까지를 종합적으로 판단해야 하는 것이다.

셋째, 처분과 관련해서는 처분 관련 기술 개발도 중요하지만, 규제기관과 함께 인허가 기준을 어떻게 할지 법적 체계를 만들어서 구체적으로 인허가에 필요한 자료를 확보하는 방향으로 정리를 해야 한다. 아무리 많은 좋은 연구논문과 보고서를 내더라도 이를 평가할 인허가 체계가 없으면 무용지물이란 것을 인식하고, 인허가 체계를 만들면서 인허가에 필요한 자료를 어떻게 생산할 것인가를 정하면서 추진해야 한다. 부지를 구하는 일은 나중이 아니라 지금부터 시작해야 하는 일이므로 부지확보를 위한 활동에 착수해야만 한다. 고준위 방사성폐기물 관리위원회가 본격 출범하면 이와 같은 사항들이 잘 정리될 것으로 생각된다.

넷째, 처분 방법의 결정에 관한 것이다. 우선은 처분 분야 사람들이 기술적인 방안을 찾아야 하지만, 원자력계 처분 분야 사람들만의 영역이 되어서는 안 된다. 범 원자력계는 물론 전체 과학기술자와 인문사회계 인사들까지 포함된 검토위원회의 객관적 검증과 이해를 거쳐 전체 국민이 안심하고 수용할 수 있는 해법을 도출해야 한다. 일부 분야 사람들로 구성된 학회나 집단에서 결정할 게 아니라 원자력학회를 중심으로 과학기술계는 물론 인문-사회 계통의 인사들이 참여하는 큰 형태의 토론을 거쳐 결정하는 것이 바람직하다. 이제는 과학기술적 단계를 넘어 사회과학적인 분야와의 융합을 거쳐 최선의 솔루션을 찾는 노력이 필요한 때이다.

다섯째, 국가의 사용후핵연료 관련 정책을 결정할 수 있는 사용후핵연료 관리에 관한 특별법을 제정하여 국가가 기술적 문제뿐만 아니라 정책적, 사회과학적인 면을 함께 고려하여 국가 정책을 어떻게 결정할지에 대한 법적 지침을 제공하고, 최적의 솔루션을 제공할 수 있는 원자력계가 될 수 있도록 하자. 이 특별법은 고준위폐기물 특별법과 같은 사용후핵연료의 관리에 관한 것이 아니라, 국가의 사용후핵연료 관리 정책을 어떻게 갖고 갈 것인지, 어떻게 결정할 것인지 방향을 정하는 법을 말하는 것이다.

끝으로, 필자는 어떠한 토론도 환영하지만, 특정 주제만 얘기하게 하거나, 특정 기관이나 특정 그룹만의 토론으로 사안을 결정하려는 일은 안 된다고 생각한다. 배타성과 폐쇄성은 원자력의 발전을 저해할 뿐이다. 이제 원자력은 기관과 부문별 칸막이를 헐고 더욱 개방적으로 국민을 설득하며 국민 속으로 들어가야 한다. 사용후핵연료에 관해 어떠한 정책이나 기술을 결정함에 있어 오늘로서는 최선의 솔루션이 되도록 하면서도, 내일 더 좋은 솔루션이 발견될 경우 업그레이드할 수 있는 미래 기술의 수용형 솔루션이 되어야 한다.

감사의 글

이 책을 쓰면서 각별하게 감사한 마음으로 별도의 장을 만들었습니다. 우선 이 책을 쓸 수 있게 많은 영감을 주신 분들께 깊이 감사하는 마음을 전합니다. 저를 사용후핵연료 수송 분야로 이끌어서 국내 최초의 사용후핵연료 수송에서부터 많은 장치 개발은 물론 원전 현장에서의 많은 경험을 할 수 있게 해 주신 저의 최초의 실장님이셨던 강희영 박사님과 저를 오늘날까지 훈련 시켜준 원자력연구원에 깊이 감사하는 마음입니다.

또한 저를 보직자의 길로 들어서게 하셔서 많은 대외 환경을 이겨 내게 하고, 후행 핵연료주기 분야의 전략적 사고를 갖게 해 주신 김종경 전 원장님, 후행 핵연료주기 분야 전체를 총괄하게 해 주신 박원석 전 원장님께 깊이 감사드립니다. 원자력계는 물론 방사성폐기물 분야가 각성하도록 객관적인 사고를 갖게 해 주신 중앙대 정동욱 교수님, 경희대 정범진 교수님께 각별히 감사하는 마음입니다. 후행 핵연료주기 분야를 더 심층적이고 포괄적으로 볼 수 있게 조언해 주신 단국대 문주현 교수님, 순천향대 박병기 교수님께 깊이 감사드립니다. 원전 운전을 책임지며 연구원과 핵주기 분야의 협력을 아끼지 않으신 한수원의 정재훈 전 사장님과 최득기 전 처장님께도 깊이 감사드립니다. 처분 분야의 전문가로서 많은 기술적 사항에 대해 조언을 해 주신 코네스 최규섭 대표님과 한진이엔씨 신경하 부사장님께도 감사드립니다. 큰 열정을 갖고 핵주기 분야의 많은 연구와 인재 양성에 힘쓰고 있는 서울대 최성열 교수에게도 고마운 마음이 큽니다.

이 책은 사용후핵연료와 관련된 기술적인 문제부터 제반 사항을 일반인들도 이해하기 쉽게 쓰려다 보니 많은 그림과 사진이 필요하게 되었습니다. 제가 갖고 있는 자료들 외에도 많은 자료가 필요했는데 자료 사용을 흔쾌히 허락해 주신 관계기관과 책임자분들에게도 깊은 감사의 마음을 전합니다.

처분 분야의 자료를 제공해 준 이종열님, 조동건 박사, 해상도가 좋은 그래픽 자료를 제공해 준 스웨덴 SKB와 스위스 Nagra에게 깊이 감사하는 마음입니다. 운반·저장 분야의 도움을 준 조상순 박사, ORANO사, 두산에너빌리티 조창열 상무님, 세아베스틸 이연오 이사님, 국내 저장시스템 관련 한수원 최득기 전 처장님, 김기영 부장님, 김준석 전 본부장님, 처분 분야 자료를 도와주신 환경공단 조천형 소장님에게도 고마운 마음을 전합니다. 미국 아이다호국립연구소(INL)의 파이로와 관련된 자료의 사용을 허락받는 데 큰 도움을 준 Steve Warmann과 유타대 Michael Simpson 교수에게 깊은 감사의 마음을 전합니다. 이들 관계기관과 관계자들의 협조가 없었으면, 좋은 화질의 참고 자료를 쓸 수가 없었을 것입니다.

아울러 함께 고생하며 일했던 많은 선후배 동료 직원들에게도 고마운 마음을 전합니다. 관련된 내용을 더욱 잘 이해할 수 있도록 도움을 주신 모든 분에게 깊이 감사하는 마음이며, 이분들의 도움이 독자 여러분께 잘 전달되기를 바랍니다. 또한, 파이로가 가장 어려울 때 곤란한 상황 속에서도 우리를 믿고 도와준 과기부의 최원호, 권현준 전 원자력 국장님들과 권기석 과장님께도 깊이 감사하는 마음입니다.

늘 후행 핵연료주기 분야가 제대로 길을 가도록 쓴소리를 아끼지 않으신 정동욱, 정범진, 문주현, 박병기 교수님과 제게 핵주기 분야를 맡겨주신 박원석 전 원장님은 제게 큰 울림을 주셨습니다. 방사성폐기물 분야가 근시안적 생각에서 벗어나 더 나은 솔루션을 찾는 노력이 아쉽다는 생각이 이 책을 쓴 결정적인 계기가 된 것 같습니다.

과학기술은 늘 새롭고, 창의적인 생각의 문을 열어 두고 있어야 합니다. 아무리 과거에 옳았던 일이라도 이제는 더 좋은 솔루션에게 자리를 비켜줘야 할 것입니다. 원자력은 특정 집단의 것이 아니며, 국민 모두와 국가의 것이라는 엄중한 인식을 갖고, 국민에게 무엇이 가장 올바른 길이고, 무엇이 더 나은 솔루션인지를 끊임없이 생각하며 나아가야 할 것입니다.

후기

원자력연구원에서 오랜 생활을 한 필자는 이 책을 쓰면서 나름대로 고민이 많았다. 얼마 전 『생각의 힘』이라는 책을 내면서 그동안 살아온 나의 얘기를 쓰면서 여러 가지 얘기를 자유롭게 했다. 그러나 원자력계가 매우 어려운 상황에서 39년간 몸담았던 원자력의 핵심적인 사용후핵연료 분야에 대해 언급을 안 한다는 게 도의적으로 나를 힘들게 했다.

과거 30여 년 전에 고리 원전에서 사용후핵연료를 운반하며 2020년대에는 중간저장시설이나 영구처분시설 등은 다 완성되었을 것으로 예상했는데, 지금까지도 이 문제를 풀지 못하고 있는 원자력계를 생각하며 마음이 편하지 않을 수밖에 없는 것이다. 고인이 되신 한필순 (전)소장님께서는 우리나라의 원자력 기술 자립에 앞장서셨고, 당시 우리 연구원 직원들도 이를 위해 밤늦게까지 열심히 일했다.

원자력이란 분야가 워낙 국가 주도, 전문가 주도로 진행되어 오다 보니 빠르게 발전한 면은 있으나 반핵단체, 환경단체 등의 엉뚱한 오해와 반대로부터 국민에게 다가가서 자세히 설명하고 이해와 지지를 받는 일에 소홀했던 것이 결국은 오늘의 어려움을 가져왔다는 생각이다. 처음부터 사용후핵연료 문제를 함께 풀어내지 못하고 뒤로 미룬 원자력계의 근시안적인 업무 추진이 초래한 업보란 생각도 든다.

인허가가 어려워 이미 개발된 기술을 외면하고, 외국의 인허가를 받은 것을 국내의 우수한 생산업체에서 외국 제품으로 만들어 국내 원자력계에 사용하며 아까운 외화를 낭비하는 현실을 보면서 마음이 편하지 않음은 당연할 것이다. 인허가를 내주기 어려워하는 규제기관도 문제겠지만, 인허가 받기를 두려워해서 외국에서 수입하려는 사업자들도 모두 깊게 생각해야 한다. 문제가 있으면 풀어내려고 노력해야 하는데, 요즘은 문제를 풀려는 노력은 안 하고, 문제를 피해 가려고만 하는 것 같아서 안타깝다.

지금은 다변화된 사회이다. 전부가 그렇지는 않겠지만 요즘 젊은 세대들은 대부분 책임지고, 복잡한 일에 관여하지 않으려고 한다. 필자는 저서『생각의 힘』에서 '실력자와 전문가', '협상의 기술'에 대해 말했는데, 정말 원자력계의 원로이고, 전문가라면 자기 분야의 이해관계를 떠나서 시스템 전체를 바라보며 젊은 세대가 마음 편히 일하도록 난제를 풀어내는데 앞장서야 한다. AI가 세상을 바꿔 버린 지금 원자력 분야는 이미 오래 전 타국에서 개발한 기술을 우리의 답으로 생각한다면 이런 문제가 해결될 수가 없는 것이다.

책임지기가 두려워 남들이 검증한 것만 가지고, 소위 '검증된 기술'이란 말로 남의 옛날 기술을 쓰려고 하지 말고, 우리 원자력계가 더 나은 솔루션을 내놓고, 우리가 검증하고 믿어 달라고 하자. 지금 우리는 무한경쟁 시대를 살고 있는데 원자력만이 제대로 나아가지 못하고 있는 상황이다. 과거의 방법과 전체 시스템을 못 보고 자신의 분야와 기관의 이해관계에 얽매인 배타적인 사고로는 답이 없을 것이다. 다시 한번 강조하지만, 한

차원 더 높고, 더 나은 솔루션을 찾는 노력이 없는 한 원자력의 미래는 없다. 발상을 전환하면 모든 것을 잘 풀어낼 수 있는 솔루션을 찾을 것이다.

원자력의 길을 걷고 있어, 앞으로도 더 많은 연구를 하게 될 후배들에게 이 책이 디딤돌이 되었으면 하는 바람이며, 더 좋은 성과를 내고, 원자력의 수준을 한 차원 높게 만들어 나갈 것을 기대하고 응원합니다.

清天 구정회

| 참고문헌 |

[1] 곽은호외 9인, KSC-1 수송용기 안전성분석보고서, KAERI/TR-77-85, 한국
    에너지연구소, 1985.

[2] 강희영외 15인, KSC-4 수송용기 안전싱분식보고서, KAERI/TR-137/89, 한
    국에너지연구소, 1989.

[3] 이홍영외 15인, 고리 1호기 사용후핵연료 소내 수송·저장 용역 사업 최종
    보고서, KAERI-NEMAC/TR-241/91, 한국원자력연구소 부설 환경관리센
    터, 1991.

[4] 이홍영외 17인, 고리 1호기 사용후핵연료 소내 수송·저장 용역 최종보
    고서, KAERI-NEMAC/TR-41/96, 한국원자력연구소 부설 환경관리센터,
    1996.

[5] 구정회외 2인, KSC-4 수송용기를 이용한 고리 1호기 사용후핵연료 수
    송·저장 절차서, KAERI/TR-8054/2020, 한국원자력연구원, 2020.

[6] 구정회외 3인, 사용후핵연료 건식 수송·저장 절차서, KAERI/ TR-8060/2020,
    한국원자력연구원, 2020.

[7] 구정회외 2인, KSC-1 수송용기 사용검사 보고서, KAERI/ TR-7062/ 2020,
    한국원자력연구원, 2020.

[8] 구정회외 1인, KSC-4 수송용기 사용검사 보고서, KAERI/ TR-8566/2021,
    한국원자력연구원, 2021.

[9] 문대철, 한국형 사용후핵연료 관리시설 설계기술 개발현황, 사용후핵연료
    장기저장 기술교류회 워크숍, 원자력환경공단, 2025.

[10] IAEA, Operation and Maintenance of Spent Fuel Storage and Transport
     Casks/Containers, TECDOC- 1532, 2007.

[11] IRSN Report No. 2019-00181, Storage of Nuclear Spent Fuel: Concepts and Safety Issues, 2018.

[12] 한국수력원자력, 원전 부지 내 경수로 건식저장사업 추진현황2025 SF장기 저장 기술교류 Workshop, 2025.

[13] T. Kim et al., Conceptual Design, Development and Preliminary Safety Evaluation of a PWR Dry Storage Module for Spent Nuclear Fuel, Applied Sciences, 2022, 12, 4587, 2022.

[14] 두산에너빌리티, 한수원 경수로 사용후핵연료 건식저장시스템 설계 현황, KINAC 건식저장사업 설명회, 2025.

[15] VECTRA Fuel Services, NUHOMS Dry Spent Fuel Manage- ment System Planning Guide, VECTRA MKT94-01J, 1994.

[16] Transnuclear, NUHOMS HD System Safety Analysis Report, Horizontal Modular Storage System For Irradiated Nuclear Fuel

[17] P. Naraynan et.al., NUHOMS HSM Matrix for Centrilized Interim Storage of a Variety of Spent Fuel Canisters, Procd. of the 19th Int'l Symposium on the Packaging and Transportation of Radioactive Materials, PATRAM 2019, 2019.

[18] 이대연외 3인, "세계 사용후핵연료 관리 현황과 시사점", 세계원전시장 인사이트, 에너지경제연구원, 2018.11.30.

[19] M. Simpson et al. "Selective Reduction of Active Metal Chlorides from Molten LiCl-KCl Using Lithium Drawdown" Nuclear Engineering and Technology. vol. 44, pp. 767-772, 2012.

[20] J.H. Lee. "Current Status of Commercialization of Molten Salt-based Strategic Metal Smelting Process." Workshop on Nuclear Energy Innovation Using Molten Salt (Organizers: KAERI, KRS, SNU), Sept 2021.

[21] J.H. Lee. "Current Status of Commercialization of Molten Salt-based Strategic Metal Smelting Process." Workshop on Nuclear Energy Innovation Using Molten Salt (Organizers: KAERI, KRS, SNU), Sept 2021.

[22] T. Y. Karlsson et al. "Thermal Analysis of Projected Molten Salt Compositions during FFTF and EBR-II Used Nuclear Fuel Processing" Journal of Nuclear Materials. vol. 520, pp. 87-95, 2019.

[23] 이효직외 21명, KAPF 예비개념설계, KAERI/TR-6881/ 2017, 한국원자력연구원, 2017.

[24] 한국원자력학회, 사용후핵연료 관리방안 특별위원회, "한국형 고준위방사성폐기물 처분 솔루션", KNS(R)-002- 2024, 2024.

[25] 이종열, 국내 고준위폐기물 심층처분개념, KAERI/GP-721 /2025, 2025.

[26] H. Wimelius and R. Pusch, Backfilling of KBS-3V Deposition Tunnels Possibilities and Limitations, SKB Report R-08-59, 2008.

[27] Posiva SKB, Safety Functions Performance Targets and Technical Design Requirements for KBS-3V Repository, Posiva SKB Report 01, 2017.

[28] SKB, Plan 2010 Costs starting in 2012 for the radioactive residual products from nuclear power, SKB Technical Report TR-11-05, 2010.

[29] J. Lee et. al, Development of the Korean Reference Vertical Disposal System Concept for Spent Fuels, WM'06 Conference, 2006.

[30] J. Lee et al., Concept of a Korean Reference Disposal System for Spent Fuels, J. of Nuclear Science and Technology, Vol.44, No.12, p.1565-1573, 2007.

[31] T. Fries et al., The Swiss Concept for the Disposal of Spent Fuel and Vitrified HLW, Int'l Conf. Underground Disposal Unit Design & Emplacement Progresses for a Deep Geological Repository, 2008.

[32] A. Claudel et al., Swiss Geological Studies to Support Implementation of Repository Projects : Status 2015 and Outlook, Fifth Worldwide Review 2016.

[33] R. Patel et. al., Canister Design Concept for Disposal of Spent Fuel and High Level Waste, Nagra Technical Report, NTB 12-06, 2012.

[34] L. Johnson and F. King, Canister Options for the Disposal of Spent Fuel, Technical Report 02-11, Nagra, 2003.

[35] M. Villar et al., The Study of Spanish Clays for Their Use as Sealing Materials in Nuclear Waste Repositories: 20 Years of Progress, J. of Iberian Geology 32(1) 2006, 17-36, ISSN: 1698-6180, 2006.

[36] The Blue Ribbon Commission on America's Nuclear Future(BRC), Report to tje Secretary of Energy, 2012.

[37] R. Rechard and M. Voegele, Evolution of Repository and Waste Package Designs for Yucca Mt. Disposal System for Spent Nuclear Fuel and High-Level Radioactive Waste, Reliability Engineering and System Safety 122 pp. 53-73, 2014.

[38] US DOE Office of Civilian Radioactive Waste Management, Yucca Mountain Science and Engineering Report Technical Information Supporting Site Recommendation Consideration, Rev. 1, 2002, DOE/RW -0539-1.

[39] P. Keech et al., Design and Development of Copper Coatings for Long Term Storage of Used Nuclear Fuel, Article in Corrosion Engineering Science and Technology, 2014.

[40] P. Sellin and O. Leupin, The Use of Clay as an Engineered Barrier in Radioactive-Waste Management - A Review, Clays and Clay Minerals Vol. 61, No. 6, pp 477-498, 2013.

[41] The Canadian Nuclear Factbook 2019, Canadian Nuclear Association, 2019.

[42] P. Brady et al., Deep Borehole Disposal of High-Level Radioactive Waste, SAND2009-4401, Sandia Report, 2009.

[43] J. Payer et al., Corrosion Performance of Engineered Barrier System in Deep Horizontal Drillholes, Energies 2019.

[44] Deep Isolation Overview, 2022 춘계 방사성폐기물 학회 발표 자료, 2022.

[45] 산업통상자원부, 제2차 고준위방폐물 관리 기본계획(안), 2021.

[46] S. Kim et al., A Comparison of the HLW Under- ground Repository Cost for Vertical and Horizontal Emplacement Options in Korea, Progress in

Nuclear Energy 49, pp 79-92, 2007.

[47] 김성기, 처분비용 관련 회의 및 제7차 한중 방사성폐기물 워크샵 출장보고서, KAERI/OT-1989, 2008.

[48] F. Neall et al., Safety Assessment of a KBS-3H Spent Nuclear Fuel Repository at Olkiluoto, Complementary Evaluations of Safety, SKB R-08-35, 2008.

[49] B. Halvarsson, KBS-3H Horizontal Emplacement Technique of Supercontainer and Distance Blocks, Test Evaluation Report, SKB R-08-43, 2008.

[50] D. Bennett and T. Hicks, The Swedish Concept for Disposal of Spent Nuclear Fuel: Differences Between Vertical and Horizontal Waste Canister Emplacement, SKI Report 2005:58, 2005.

[51] 이재학, 고준위특별법 제정에 따른 관리사업자의 과제, 한국방사성폐기물학회 2025 춘계학술발표회 발표자료, 2025.

[52] 이민수외 1인, 고준위폐기물 심지층 처분을 위한 수평처분방식의 고찰, KAERI/TR-10910/2025, 2025.

[53] 이종열외 5인, 사용후핵연료 심지층 처분시스템 비용요소 구성 및 평가체계, 한국방사성폐기물학회 추계학술대회 논문요약집, 2008.

[54] 최희주, 고준위폐기물 처분 단위비용 산정, KAERI-TR- 4322-2011, 2011.

[55] S. Pettersson외 1인, Final Repository for Spent Nuclar Fuel In Granite - The KBS-3V Concept in Sweden and Finland Intl Conf Underground Disposal, Int'l Concerence Underground Disposal Unit Design & Emplacement Processes for a Deep Geogological Repository, 2008

[56] N. Chae et al., Coupled Mixed-Potential and Termal- Hydraulic Model for Long-term Corrosion of Copper Canisters in Deep Geological Repository, Materials Degradation, 2023.

[57] M. Eriksson et al., Underground Design Forsmark Layout D2: Rock Mechanics and Rock Support, SKB Report R-08-115, SKB, 2009.

[58] P. Tolppanen et al, Comparison of Vertical and Horizontal Deposition Hole Concept for Disposal of Radioactive Waste Based on Rock Mechanical in Situ Stress-Strength Analyses, Engineering Geology, Vol. 49, pp 345-352, 1998.

[59] T. Siren et al., Considerations and Observations of Stress-Induced and Construction-Induced Excavation Damage Zone in Crystalline Rock, Int. J of Rock Mechanics and Mining Sciences, Vol. 73, pp 165-174, 2015.

[60] 임주휘외 4인, 암반 손상대 제어를 위한 선행이완발파 시공 적용 사례, Tunnel & Underground Space Vol. 34, No. 5, 2024, pp. 421-432.

[61] 김형목, 권상기, 고준위방사성폐기물 심지층처분과 열-수리-역학-화학적 연계해석 기술, 한국자원공학회지 Vol. 54, No. 4, pp. 319-327, 2017.

부록 1

주요 용어 및
약어 설명

주요 용어

- 가압경수로(PWR: Pressurized Water Reactor): 원자로의 한 종류로서 전 세계 원전의 약 70%를 차지하는 원자로 방식이며, 우리나라 원전도 대부분 가압경수로 방식임.

- 건식수송(Dry Transportation): 운반용기에 사용후핵연료를 담은 후 운반용기 내부공간(Cavity)의 물을 완전히 건조한 상태에서 운반하는 방법.

- 격납감시(Containment Surveillance): 원자력시설의 격납건물 내·외부 상태를 실시간으로 감시하여 방사성물질의 누출을 방지하고, 구조적 건전성을 확보하기 위한 핵심 안전관리 활동.

- 겸용용기(DPC: Dual-Purpose Cask): 운반과 저장(Storage)을 함께 할 수 있는 용기를 말함. 일반적으로 운반(수송)용기는 운반 전용을 말함.

- 고준위방사성폐기물(HLW: High-Level Radioactive Wastes): 원자력 발전소에서 수년간 연소 후에 방출된 사용후핵연료와 같이 높은 방사능 농도와 발열량을 지닌 폐기물을 말함.

- 굴착손상영역(EDZ: Excavation Damazed Zone): 터널이나 공동을 굴착할 때, 발파 또는 기계적 굴착으로 인해 주변 암반의 본래 성질이 변화하며 손상되는 구간을 말하며, 고준위 방사성폐기물 처분장의 안전성에서 매우 중요한 요소임.

- 불활성 분위기(Inert Atmosphere): 산소나 수분과 반응하지 않는 기체(예: 아르곤, 질소, 헬륨 등)를 사용하여 공정 환경을 안정화시키는 조건을 의미함.

- 붕소 함유 스테인리스강(BSS: Boronated Stainless Steel): 일반 스테인리스강에 열 중성자를 흡수 능력이 뛰어난 붕소(Boron, B)를 첨가하여 만든 특수 합금강.

- 사용후핵연료(SF: Spent Fuel): 원자력발전소에서 핵분열 반응을 위해 사용된 후 원자로에서 인출된 핵연료.

- 소듐냉각고속로(SFR: Sodium-cooled Fast Reactor): 핵분열로 방출되는 '고속 중성자'를 감속하지 않고 그대로 연쇄반응에 이용하는 차세대 원자로의 한 종류로 액체 나트륨(소듐, Na)을 냉각재로 사용함.

- 수송(운반)용기(Cask): 사용후핵연료나 방사성폐기물의 장거리 및 단거리 운반에 사용하기 위해 특수하게 설계된 차폐와 밀봉 기능을 갖는 용기. Package, Canister 등으로 불리기도 하며, 영국은 Flask라고 부름.

- 습식수송(Wet Transportation): 사용후핵연료를 운반할 때, 수송용기(Cask) 내부에 냉각재인 물을 채워 운송하는 방식.

- 습식 재처리(Wet Reprocessing): 사용후핵연료를 질산(HNO_3) 용액에 용해한 후, 유기용매 추출법을 통해 핵물질을 분리·회수하는 방식으로 핵무기의 원료물질인 플루토늄을 순수하게 분리할 수 있어 핵확산 위험이 존재함.

- 심부시추공 처분(DBD: Deep Borehole Disposal): 지하 약 3~5km 깊이의 안정된 암반층에 심부시추공을 뚫어 고준위 방사성폐기물을 처분하는 방식으로 매우 깊은 심도를 활용하여 생태계로부터 더욱 안전하게 격리하는 대안 처분 방법임.

- 심지층 처분(DGD: Deep Geological Disposal): 고준위 방사성 폐기물을 지하 500m 깊이의 화강암과 같은 안정된 암반층에 영구적으로 격리하는 방식을 말함. 처분용 캐니스터와 벤토나이트 완충재 등의 공학적 방벽과 암반층의 천연방벽이 방사성 핵종의 유출을 막는 '다중 방벽 시스템'을 기반으로 함.

- 심층 처분(DGD: Deep Disposal): 방사성폐기물을 사람의 접근과 방사성 핵종의 생태계 유입이 제한될 수 있도록 지하 깊은 곳의 안정한 지층 구조에 처분하여 인간 생활권으로부터 영구히 격리시키는 것을 말함(「고준위 방사성폐기물 심층처분시설에 관한 일반기준」 정의 내용)

- 장전조(Cask Loading Pit): 원자력발전소 핵연료 건물에서 사용후핵연료를 수송용기(Cask)에 안전하게 옮겨 담기 위해 사용되는 깊은 수조 시설.

- 저장조(SFP: Spent Fuel Pool): 원자로에서 나온 사용후핵연료를 보관하는 깊은 수조(Pool)를 말함. 사용후핵연료의 높은 방사능과 붕괴열 방출 수심은 보통 12m 이상이며, 스테인리스강 저장대나 보레이티드 스테인리스강의 조밀 저장대가 있어 여기에 사용후핵연료 집합체를 넣어 보관함.

- 제염조(Decontamination Pit): 원자력발전소 핵연료 건물에서 사용후핵연료를 수송용기(Cask)에 담아 수송하기 전에 용기 표면에 묻어 있을 수 있는 방사성물질을 제거하는 공간.

- 조밀 저장대(High-Density Storage Rack): 사용후핵연료 저장조 내에 설치되는, 사용후핵연료의 저장 밀도를 높이기 위해 설계된 저장 구조물로 중성자 흡수재인 붕소(Boron)가 함유된 스테인리스강(BSS)으로 제작되어 기존 저장대에 비해 핵연료 집합체 사이의 간격을 좁혀 저장 용량을 크게 늘린 저장대.

- 조사후시험(PIE: Post-Irradiation Examination): 원자로 내에서 중성자에 노출되어 사용된 사용후핵연료나 원자로 부품의 재료적 특성 변화를 시험하고 분석하는 모든 과정. 방사선 차폐와 방사성 물질의 유출을 방지하는 핫셀(Hot Cell)이라는 특수 시설에서 시험을 수행함.

- 중간저장시설(ISF: Interim Storage Facility): 사용후핵연료를 원자력발전소에서 최종 처분시설로 옮기기 전까지 안전하게 보관하는 시설. 원전 내부의 습식 저장조는 저장용량의 한계가 있기 때문에 사용후핵연료를 모아 일정 기간 동안 체계적으로 관리하기 위한 저장시설.

- 중수로(PHWR: Pressurized Heavy Water Reactor): 핵분열 반응을 제어하기 위한 감속재와 냉각재로 중수(D_2O)를 사용하는 원자로. 캐나다 CANDU(Canada Deuterium Uranium)형 원자로가 대표적인 중수로이며, 우리나라는 월성 원전에서 운영 중임.

- 처분(Disposal): 방사성폐기물을 안전하게 최종적으로 관리하는 마지막 단계로, 인간의 생활권과 환경으로부터 영구적으로 격리시키는 것을 말함.

- 처분장(Disposal Site): 방사성폐기물을 생태계로부터 안전하게 격리 및 관리하기 위해 설계된 영구 저장시설. 고준위폐기물 처분장과 중저준위 처분장으로 구분됨.

- 재활용(Recycling): 사용후핵연료에서 재사용 가능한 물질(주로 우라늄과 플루토늄)을 분리해 재활용하는 것으로 습식 재처리와 건식 재활용(파이로프로세싱) 두 가지 방법이 있음. 습식 재처리의 대표 기술로는 PUREX가 있으며, 현재 영국, 프랑스, 일본 등 일부 국가에서 상용 운전 중인데, 사용후핵연료를 질산에 녹인 후, 유기용매를 이용한 화학적 분리 과정을 통해 우라늄과 플루토늄을 추출하고, 추출된 우라늄은 농축 과정을 거쳐 다시 핵연료로 사용될 수 있으며, 플루토늄은 산화우라늄과 섞어 혼합산화물(MOX) 연료로 만들어 경수로 또는 고속로에 사용함. 건식 재활용 기술은 파이로프로세싱으로 우리나라가 주도적으로 연구하고 있는 차세대 재활용 기술로 핵확산저항성이 높은 기술임.

- 초우라늄 원소(TRU: TRans-Uranic Elements, TRU): 원자번호 92번인 우라늄보다 원자번호가 큰 원소들을 통칭함. 이들은 대부분 인공적으로 만들어진 방사성 원소로, 사용후핵연료에서 다량 발견되며, 핵연료로 사용되는 우라늄-238이 원자로에서 중성자를 흡수하면 여러 번의 핵반응을 거쳐 넵투늄(Np, 93번), 플루토늄(Pu, 94번), 아메리슘(Am, 95번), 퀴륨(Cm, 96번) 등 다양한 초우라늄 원소가 생성됨.

- 캐니스터(Canister): 다양한 용도로 사용되는 원통형의 밀폐 용기를 의미하는데, 원자력 분야에서는 사용후핵연료를 건식으로 저장, 운반하거나 처분하기 위해 사용되는 특수 용기임.

- 터널굴착기계(TBM: Tunnel Boring Machine): 화약 발파 방식 대신 거대한 원통형 기계를 이용해 터널 전 단면을 한꺼번에 굴착하는 장비로 마치 거대한 드릴처럼 커터 헤드가 회전하며 암반과 토사를 부수고, 동시에 굴착된 토사를 외부로 배출하며 터널 벽면을 조립하는 작업까지 자동화된 첨단 기계임.

- 파이로프로세싱(Pyro: Pyroprocessing, 파이로): '불'을 뜻하는 그리스어 '파이로(pyro)'에서 유래하였으며, 사용후핵연료를 500℃ 이상의 고온의 용융염에서 전기화학적으로 핵물질을 분리하는 건식 재활용 기술임.

- 핫셀(Hot Cell): 고방사성 물질을 안전하게 취급하고 실험하기 위해 방사선이 외부로 새어 나오지 않도록 특수하게 설계된 차폐 격납시설. 작업자가 방사선에 직접 노출되는 것을 막기 위해 두꺼운 콘크리트나 납으로 된 벽과, 작업자가 내부를 관찰할 수 있도록 방사선을 차폐하는 납 유리창, 작업자가 방사선 피폭 없이 시편이나 장치를 조작하여 실험 등을 수행할 수 있는 원격조종기(Manipulator), 핫셀 내부의 공기가 밖으로 나오지 않도록 하는 음압 유지 시스템으로 구성됨.

- 핵물질계량관리(NMA: Nuclear Material Accountancy) 원자력 시설 내 핵물질의 위치, 양, 이동 및 사용 내역을 정확히 추적·기록하여 무단 사용이나 분실, 도난을 방지하는 핵비확산 관리 체계.

- 핵분열생성물(FP: Fission Products): 원자로에서 우라늄이나 플루토늄 같은 무거운 원자핵이 중성자와 충돌해 핵분열을 일으킬 때, 두 개 이상의 가벼운 원자핵으로 쪼개지면서 생성되는 방사성물질을 말함. 사용후핵연료는 이 핵분열생성물 때문에 높은 방사능과 열을 방출하며, 고준위 방사성폐기물의 주요 구성 요소가 됨. 대표적으로 세슘(Cs), 스트론튬(Sr), 요오드(I), 크립톤(Kr) 등이 있음.

- 핵연료 건물(Fuel Building): 원자력발전소의 원자로 격납건물과 연결된 보조 건물로 신규 핵연료와 원자로에서 인출된 사용후핵연료를 저장하고 취급하는 시설.

- 핵확산저항성(PR: Proliferation Resistance): 핵물질, 핵기술 또는 핵설비가 군사적 목적이나 무기화로 전용되는 것을 어렵게 만드는 특성을 의미함. 원자력의 평화적 이용을 위한 핵비확산 체제의 핵심 요소로 간주됨.

약어

BSS   Boronated Stainless Steel(보론 함유 스테인리스강)

CANDU   Canada Deuterium Uranium(캐나다식 중수로형 원자로)

CDP   Cask Loading Pit(장전조)

CS   Containment Surveillance(격납감시)

DBD   Deep Borehole Disposal(심부 시추공 처분)

DD   Deep Disposal(심층처분)

DGD   Deep Geological Disposal(심지층 처분)

DP   Decontamination Pit(제염조)

DOE   Department of Energy(미국 에너지부)

DOS   Department of State(미국 국무부)

DPC   Dual-Purpose Cask(운반·저장 겸용 용기)

EDZ   Excavation Damazed Zone(굴착 손상 영역)

EDZSI Stress-Induced Excavation Damazed Zone(응력-유도 굴착 손상 영역)

FP   Fission Products(핵분열생성물)

FB   Fuel Building(핵연료 건물)

HALEU   High-Assay Low-Enriched Uranium(고순도 저농축우라늄)

HDZ   Highly Damaged Zone(고도 손상 영역)

HFEF   Hot Fuel Examination Facility(사용후핵연료 시험 시설)

HLBC   High Level Bilateral Commission(원자력 고위급위원회)

HLW   High-Level Radioactive Waste(고준위방사성폐기물)

IAEA   International Atomic Energy Agency(국제원자력기구)

INL   Idaho National Laboratory(미국 아이다호국립연구소)

ISF   Interim Storage Facility(중간저장시설)

JFCS   Joint Fuel Cycle Study(한미 핵연료주기 공동연구)

KNS   Korean Nuclear Society(한국원자력학회)

KPA   Key Measuring Point(주요 측정지점)

KSC   KAERI Shipping Cask(원자력연구원 수송용기)

MBA   Material Balance Area(물질수지구역)

NATM   New Austrian Tunnelling Method(신호주 터널공법)

NMA   Nuclear Material Accountancy(핵물질계량관리)

NRC   Nuclear Regulatory Commission(미국 원자력규제 위원회)

PHWR   Pressurized Heavy Water Reactor(중수로)

PIE   Post-Irradiation Examination(조사후시험)

PR   Proliferation Resistance(핵확산저항성)

PUREX   Plutonium and Uranium Recovery by EXtraction(습식 재처리)

PWR   Pressurized Water Reactor(가압경수로)

SF   Spent Fuel(사용후핵연료)

SFP   Spent Fuel Pool(사용후핵연료 저장조)

SFR   Sodium-cooled Fast Reactor(소듐냉각 고속로)

SMR   Small Modular Reactor(소형 모듈 원자로)

SNL   Sandia National Laboratory(미국 샌디아국립연구소)

TBM   Tunnel Boring Machine(터널 굴착 기계)

THMC   Thermal Hydraulic Mechanical Chemical(열-수리-역학-화학)

TRU   Trans-Uranic Elements(초우라늄 원소)

VDS   Vacuum Drying System(진공건조장치)

부록 2

국내 사용후핵연료
현황

1

국내 사용후핵연료 발생 및 저장 현황

우선 본서의 핵심 주제인 사용후핵연료에 대해서, 국내 원전에서의 발생량과 저장 현황 및 향후 발생 전망을 파악해 보자. 이를 위해서 2025년 2월 10일에 발표된 산업통상자원부의 '사용후핵연료 저장시설 포화시점'에 관한 보도자료와 한수원의 2025년 3분기 기준의 사용후핵연료 저장현황을 참고하였다. 2025년 현재, 그림 A-1과 같이 국내에는 4개 부지에서 26기의 원전이 가동 중이며, 약 19,985톤의 사용후핵연료를 저장 중이다.

그림 A-2와 같이 경수로에서는 호기당 연간 약 21톤의 사용후핵연료가 발생하며, 중수로에서는 호기당 약 103톤의 사용후핵연료가 발생한다. 이를 전체 호기로 합산하면, 경수로는 연간 약 491톤, 중수로는 연간 309톤, 합계 총 780톤의 사용후핵연료가 발생한다. 2025년 7월 기준 제11차 전력수급계획을 기반으로 가동 중인 26기 원전에서 발생한 사용후핵연료를 추정하면, 경수로(PWR) 사용후핵연료가 약 10,157톤, 중수로 사용후핵연료 약 9,828톤, 합계 약 19,985톤의 사용후핵연료가 발생한 것으로 예상된다[1]. 표 A-1은 국내 원전의 사용후핵연료 저장량 및 포화율을 나타내고 있는데, 한빛 원전은 2030년, 한울 원전은 2031년, 고리 원전 2032년 포화를 앞두고 있는 상황이라 중간저장시설이 구축되기 전에는 원전 부지 내 저장으로나마 저장용량의 포화문제를 조속히 해결해야만 한다.

그림 A-1. 국내 원전에서의 사용후핵연료 발생량

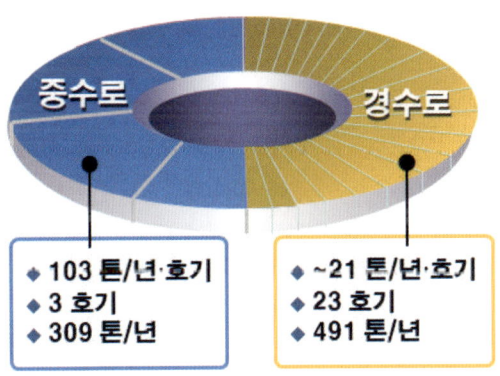

그림 A-2. 국내 원전의 사용후핵연료 연간 발생량(780톤/년)

A-1. 국내 원전의 사용후핵연료 저장량 및 포화율(25년 3분기)

(단위: 다발)

Sites		저장용량	저장량	포화율	포화시점 추정*
경수로	고리	8,038	7,402	92.1%	2032
	새울	1,560	796	51.0%	2066
	한빛	9,017	7,619	84.5%	2030
	한울	10,272	7,451	72.5%	2031
	신월성	2,588	999	38.6%	2042
	소 계	31,475	24,267	77.1%	–
중수로	월성	657,952	526,388	84.1%	2037

* 제2차 고준위 방사성폐기물관리 기본계획(21년 12월)
☞ 일부 조밀 저장대를 설치하여 포화시점이 변경될 수도 있음.

2

국내 사용후핵연료 포화 시점의 변화 이유

경수로형 원자력발전소는 원자로 건물 바로 옆에 핵연료 건물(Fuel Building)이 함께 있다. 이 핵연료 건물에는 원자로에서 나오는 사용후핵연료를 저장하는 사용후핵연료 저장조(Spent Fuel Pool)가 있으며, 이 저장조에는 그림 A-3과 같이 스테인리스강 바스켓에 사용후핵연료를 담아 저장하고 있는데 그림에서 보듯이 바스켓 사이에 비어 있는 공간이 있다.

사용후핵연료의 포화율과 포화시점 추정에 대한 발표가 바뀌는 것에 대해서 일부 반핵단체나 환경단체에서는 정부가 국민을 속인다고 주장하기도 한다. 그러나 이것은 원전 내 사용후핵연료 저장조 저장용량을 늘리기 위해 그림 A-4와 같이 기존 저장조보다 빽빽하게 저장할 수 있는 조밀 저장대를 추가 또는 교체했기 때문이다.

조밀 저장대는 사용후핵연료와 사용후핵연료 간의 임계 반응을 막기 위해 붕소(Boron)가 함유된 보레이티드 스테인리스강(BSS)[65]으로 제작된다. 보레이티드 스테인리스강은 일반 스테인리스강에 붕소(Boron, B)를 첨가하여 만든 특수 합금강으로 붕소는 열 중성자를 효과적으로 흡수

---

65) BSS: Borated Stainless Steel, 붕소가 함유된 스테인리스강

하는 능력이 뛰어나기 때문에 사용후핵연료의 중성자를 흡수하여 핵분열 연쇄반응이 일어나는 임계(Criticality) 현상을 막기 때문에 기존의 스테인리스강 저장대와 같이 바스켓 사이에 공간을 띄울 필요가 없어서 사용후핵연료 저장조의 랙(Storage Rack)으로 사용하여 같은 공간에 더 많은 사용후핵연료를 저장할 수 있게 하는 것이다. BSS는 판재의 두께가 얇고, 바스켓 사이에 공간이 필요 없기 때문에 저장용량을 많이 늘릴 수 있으나 가격이 매우 비싼 단점이 있다.

처음에는 저장조에서 사용후핵연료가 없는 공간에 조밀 저장대를 추가하는 방식으로 저장용량을 확장했으나, 최근에는 그것으로도 모자라 기존 저장대를 모두 들어내고, 조밀 저장대를 설치했으며, 요즘은 아예 건설 단계부터 조밀 저장대를 설치하고 있다. 조밀 저장대의 설치로 인해 저장용량이 기존 대비 250%~350% 정도 증가하여 현재 저장용량의 포화 시점이 변경된 것이다. 과거 포화 예상 시점에 대한 발표 당시에는 당시의 시설 현황을 기반으로 포화 시점을 예측한 결과이다.

BSS 조밀 저장대와 같은 신기술의 도입으로 저장조의 저장용량을 확대할 수는 있지만, 사용후핵연료의 물리적 형상, 열 부하, 임계 조건 등을 고려하면 저장조의 용량 확대는 제한적일 수밖에 없다. 따라서 현재 예상되는 저장조 포화 시점을 고려하여 사용후핵연료를 저장할 수 있는 원전 외부 또는 원전 부지 내에 저장시설을 확보하는 것이 사용후핵연료의 안전한 관리를 위해 바람직하다.

그림 A-3. 표준 사용후핵연료 저장조(인사이트N파워 제공)

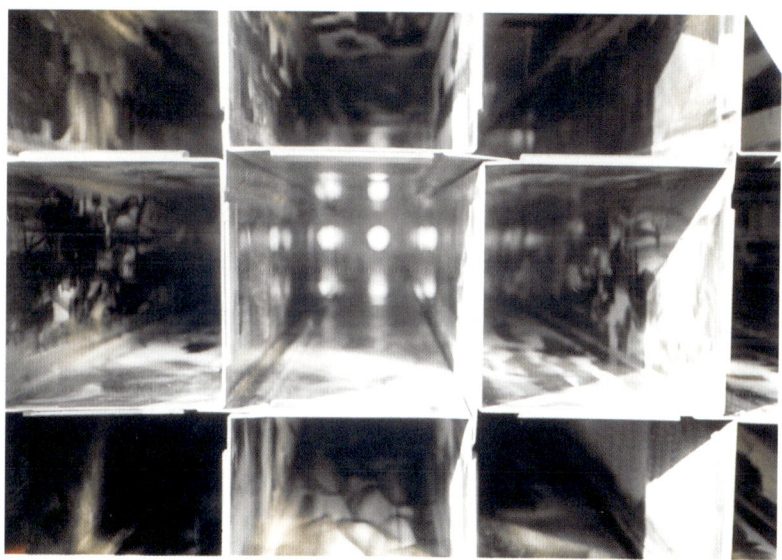

그림 A-4. BSS 조밀 저장대

사용후핵연료
그 솔루션에 관하여

ⓒ 구정회, 2026

초판 1쇄 발행 2026년 1월 15일

지은이   구정회
펴낸이   이기봉
편집   좋은땅 편집팀
펴낸곳   도서출판 좋은땅
주소   서울특별시 마포구 양화로12길 26 지월드빌딩 (서교동 395-7)
전화   02)374-8616~7
팩스   02)374-8614
이메일   gworldbook@naver.com
홈페이지   www.g-world.co.kr

ISBN   979-11-388-5283-8 (03550)